輕鬆油漆刷出手感個性家

Come home! 特輯

Paint magic

Introduction
前 言

原本索然無味的室內裝潢，
若想輕鬆擁有改頭換面的效果，
那麼，油漆絕對是你不可或缺的最佳戰友。
或許有人會覺得，
刷塗油漆需要高度技巧，
只有手巧的人才能辦到而退縮不前。
的確，以舊化處理為例，
在數年前可是必須花費許多工夫的作業。

不過，時至今日，市面上出現了許多
被稱為「魔法漆」的有趣塗料而備受矚目。
僅需塗刷即可展現出鏽蝕風，或呈現出黃銅金屬質感，
亦可利用模板作出大膽時尚的花紋。
因為簡單步驟就能使外觀全然改變，
所以無論是初學者還是手拙之人，
皆可輕鬆嘗試挑戰。

所謂百聞不如一見。
請欣賞本書中沉迷於塗漆世界，
由十位居家布置達人所帶來，
令人驚歎不已的空間與雜貨改造創意吧！

contents

※本書標示價格為2016年8月當時的未稅價格。
本書紹介的商品資訊及官網請參照p.90～93。

Section 01

自由設計 文字與花紋的 手繪風塗漆

只用單色塗漆，
感覺上似乎欠缺了些什麼……
此時不妨使用鏤空模板或手繪，
藉由加入文字與圖案賦予視覺重點的技巧，
成功打造出吸引人目光的風格焦點。
無須費心思考，在各個場所
放手畫出各式各樣喜愛的文字或圖案吧！
因此而產生層次感的室內裝潢，
光是觀看就令人感到愉悅呢！

Case 1

森田 惠小姐

將純日式的住宅
改造成嚮往的歐美居家風格
毅然決然執行「彩漆大作戰」之後
截然不同的室內氛圍
亦讓家人驚訝不已！

每當在網路上看到國外色彩繽紛的室內裝潢，總是讓我羨慕不已。特別是那些意想不到的牆面配色，以及獨特的幾何圖樣，更是令人激動不已！於是進而開始思考，自宅純和式風格的榻榻米與拉門是否也能仿效呢？我想到的方式，是在客廳牆面架設薄塗成白色的木板，用以遮掩原有的和式氛圍。為了凸顯板材上的木紋，該如何粉刷才能自然融合呢？嘗試之後，果然一如預想！原本絕對不適合日式住宅的鮮豔色系或圖案，全都可以隨心所欲的融入布置了。

嘗到甜頭的我，開始模仿國外的室內裝潢達人們，開始連花盆、畫框、紅酒杯、合板等刷塗上漆。一旦發現廉價物品也能因為塗漆而可愛變身，就再也無法停手。若再運用紙膠帶或手繪方式加上圖案，時尚指數更是立即往上增加二成。家人們不僅驚訝於如此多彩的室內空間，同時也覺得整個人「精神一振，活力充沛！」彩漆的效果完全超乎想像！

大面積壁板全面刷白
打造清爽空間

紅酒杯的
杯腳也上漆！

基底的壁板，後方架設了三根支柱作為支撐，是家人合力將平鋪的木板使用3個L型角鐵固定，製作而成。

畫上在國外很受歡迎的「箭頭圖案」

刷上鮮豔的紅色
營造主角級的存在感

嘗試作出
大理石花紋

7 在盛滿水的水桶中滴入指甲油，再將陶碗浸入轉印花紋。取出後只需靜置，等待乾透即完成。成品清爽感滿分！僅底部上色使得花紋更為顯眼，並且賦予了隨意不造作的印象。

以圖案妝點
市售現成小物

5 將「Turner牛奶顏料」的「23古典珊瑚」與「1白雪」兩色混合，在百元商店的小象擺飾刷上底色。接著再使用「壓克力顏料」的「76-B古銅金」畫上圓點裝飾。

嘗試以顏色
為主角來呈現

3 將百元商店的畫框背板換成合板，使用單色全面刷塗。將紅色、白色，混合一點藍色與黃色後，呈現出偏深的粉紅色。體驗混合顏料創造出新色的箇中樂趣。

嘗試
將酒杯上漆

1 在深型容器中分別倒入室內小物用的Turner牛奶顏料「9墨色黑」與「23古典珊瑚」兩種顏色，再將酒杯杯腳浸入，均勻沾取，乾透之後即完成。這款塗料令人讚賞之處是具有抗水性，所以上色後清洗杯子也沒問題。

利用黑板漆將孩子的
塗鴉化為藝術

8 扮家家酒的玩具廚房，架設了刷塗「黑板漆」的木板牆，活用小朋友的塗鴉，成為室內裝飾的一部分！適合兒童空間的可愛薄荷色亦為視覺重點。

無須滿版刷塗
嘗試呈現出輕盈感

6 利用餘下邊角板材製作而成的玩具箱，底下加裝輪腳方便移動，只是局部畫上圖案，即可呈現出輕盈感。與 *4* 相同，使用紙膠帶貼出平行四邊形的輪廓，再以四種不同顏色塗滿膠帶內側的空間。箱子兩端下半部則是刷上白色。

運用紙膠帶
製作出旗幟圖案

4 使用紙膠帶在板材上貼出大大小小的三角形，當作塗漆時的模板。看似紛亂的色系，不過無論是粉紅色還是灰色等色彩都混入了一點杏色，調性仍然是一致的。白色三角也被烘托得更為鮮明。

隨機排列的
手繪圖案

2 在餘下的邊角板材上，以塗料與筆刷手繪出各種圖案。連同沾染塗料或帶有污點的邊角材一起，用木工膠黏貼於合板上，拼貼後的效果出奇美麗。參差不齊的木板尺寸與種類，反而別具韻味。

女兒在6歲生日時，許下了「希望能擁有自己的咖啡廳！」這個願望，因此打造出這個角落。朋友來玩的時候，氣氛非常熱鬧歡騰。

客廳與小朋友的遊戲空間
是我的塗漆實驗室
與身為小幫手的女兒外出採買用具
一起嘗試各式各樣的創意想法

對我而言，理想的家是一個令人懷抱著雀躍期待，度過每一天的場所。與其讓來訪客人稱讚這個家「安穩沉靜」，倒不如更想讓他們驚訝「這裡真有趣！」

為此，無論是什麼樣的點子，只要我喜歡都會「實驗」看看。例如：嘗試使用從未用過的顏色刷塗在雜貨與邊角材上，或是將國外網站看到的圖案畫在改造的物品上。看見想要使用的中意字型，也會利用複寫紙來挑戰繪製效果。

手繪塗漆時，特別是想要表現出孩子般自由塗鴉的風格時，就會交由女兒來製作。我個人愛用的「Turner牛奶顏料」是用牛奶作為主要原料，即使是小朋友也能安心使用。

「只塗一端」是目前最愛用的技法

花盆同樣不採取單色塗滿的方式，重點色僅塗在局部位置，營造出不顯厚重的清爽印象。

嘗試以延展性佳的「Turner牛奶顏料」，在漂流木上局部刷塗兩色。

1使用「Turner牛奶顏料」的「52土耳其藍」塗在編織吊籃的末端。**2**將市售杉木板材開孔，榫接成十字的花盆架。先整體刷塗木作用的「Antique Wax」，接著在腳架末端刷上「57墨藍」。

原本可以將鄰居家的庭園盡收眼底之處。現在架起一道遮蔽視線的木牆，再以一些塗漆小物裝飾，打造出開朗愉快的氛圍。

有著可愛顏色的黑板！
女兒也超開心

黑板下方約三分之一處，畫上了國外網站常見的山形紋，顏色則是女兒最愛的粉紅色！

單純當作曬衣場的庭院
只是架起全白壁板
陳列色彩繽紛的植栽花盆
就成了令人雀躍的嶄新綠意空間！

搬入這個家已經幾個月。雖然一步步改造成自己喜愛的樣子，卻只有客廳側邊的小庭園尚未動手。光是當作曬衣場使用也未免有些可惜……於是，我在這裡鋪設底座作為地板，再架立壁板來改造露台。將整體刷成純白色之後，連客廳也頓時明亮起來。

由於是難得的露台，因此以「時尚露營風」為意象，將這裡改造成戶外野營風格。擷取了經常應用在帳篷上的「Chevron（山形）」圖案元素，以及令人聯想到海洋的藍色漸層。同時使用了比室內空間更大量的粉紅色，讓露台成為一個充滿可愛氣息的角落。作為主角的大塊板材，塗上色調不會過於花俏的「黑板漆」，使其易於與其他雜貨搭配。

加入色彩繽紛圖案的花盆，原本的植物似乎也時尚了起來，真是不可思議。最近市面上推出了小型桌，在露台上擺放一張小桌之後，在此喝下午茶的次數也變多了。

Pick Up

德蘭Turner色彩的黑板塗料

Wine Red

刷塗漆料的部分會變成黑板！

只要刷塗這種「黑板漆」，就變成可以寫字塗鴉的黑板。由於延展性佳，很容易塗刷，所以我個人非常喜歡。12種顏色之中，不會太孩子氣的「123酒紅色」和「116孔雀藍」是我極為重用的塗料。

隨性加上圖案的作法也很有趣

將木箱刷成白色，再以海綿沾取藍色塗料，故意不均勻的印染於白色箱底。文字則是隨性手寫。布製三角旗同樣使用海綿上色。

花盆塗上「Turner牛奶顏料」的「1白雪」，再使用「壓克力顏料」的「76-B古銅金」畫出圓點。

「Turner牛奶顏料」系列各色混合「1白雪」作成粉彩色調，再用海綿沾取，以點按方式上漆。

作法很簡單，不妨嘗試看看吧！

使用模板設計而成的咖啡館風招牌

應女兒要求製作的咖啡館風格空間。為了增添真實感，於是手工製作了招牌。文字是在國外字型網站搜尋喜歡的設計，列印之後作成模板使用。

大型彩色壁掛時鐘

只是在塗漆的合板上加裝時鐘指針就完成了。「Turner牛奶顏料」的霧面質感與沉穩的「57墨藍」非常搭配。最後再隨意揮灑塗料，完成作品。

備用物品

長770×寬380×厚2mm的合板、直尺、英文紙型、布用複寫紙、原子筆、uni POSCA水性麥克筆黑色、細畫筆。

使用塗料

「Turner牛奶顏料」的「1白雪」、「9墨色黑」。

1木板全面刷塗「1白雪」作為底色，乾透之後依序在合板上疊放布用複寫紙和英文紙型，以原子筆複寫英文字型輪廓。直線部分使用直尺繪製。***2*** 以POSCA水性麥克筆再次描繪文字輪廓，接著以筆刷沾取「9墨色黑」，塗滿文字框線內側。

備用物品

長430×寬360×厚2mm的合板、寬24mm的紙膠帶、英文紙型、布用複寫紙、原子筆、細畫筆、時鐘指針零件。

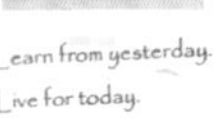

使用塗料

「Turner牛奶顏料」的「57墨藍」、「55海神藍」、「1白雪」。

1在合板上以紙膠帶貼出連續的箭頭圖案，寬度不一的變化會更具律動感。***2***在紙膠帶範圍內分別塗上三種顏色的塗料。***3***合板下方刷滿「57墨藍」，靜置乾燥後加上英文字。依序在合板上疊放布用複寫紙和英文紙型，夾住固定後，以原子筆複寫紙型文字。***4***以筆刷沾取「1白雪」，描繪步驟 ***3*** 的文字。

藍色漸層花盆

由濃至淡依序層疊色彩的花盆。作法其實比外觀呈現的還要簡單，使用海綿渲染的手法可以讓塗料顏色融合，效果十分自然。選擇橘色、紅色等暖色系來製作也很可愛！

備用物品

花盆、紙盤之類的容器、排刷、裁切成3㎝方塊的廚房用海綿。

使用塗料

「Turner牛奶顏料」的「57墨藍」、「55海神藍」、「1白雪」。

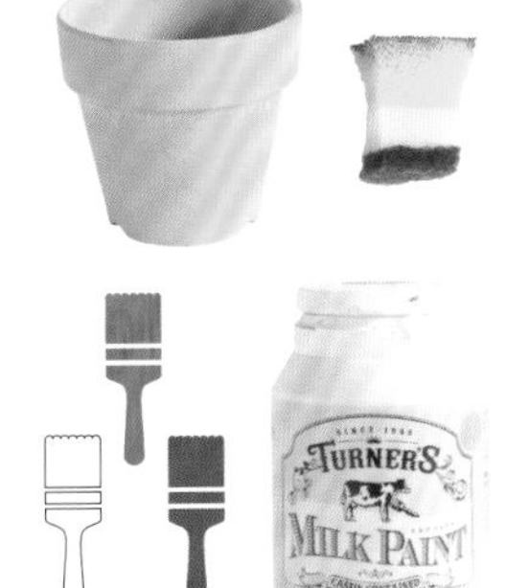

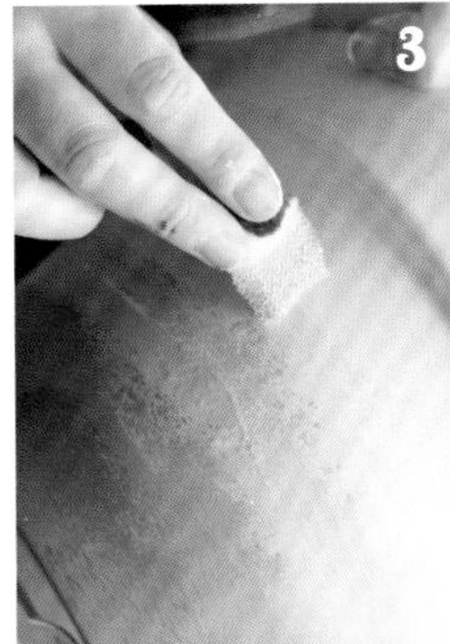

1最深的顏色是由「57墨藍」與「55海神藍」1：1混合而成。接著再逐次添加「1白雪」，慢慢薄塗出5個濃淡漸層。**2**由深至淺依序刷塗2至3㎝的寬度。顏色部分重疊也OK。**3**在塗料乾透之前，以海綿將顏色之間的界線渲染暈開。

雅致圓點花盆

可愛感的圓點圖案，因為運用了「1白雪」與「76-B古銅金」兩種顏色，反而作出展現雅致印象的大人風格。利用帶有橡皮擦的鉛筆印出圓點，也可以直接切下橡皮擦使用。

備用物品

花盆、排刷、附有橡皮擦的鉛筆、作為調色盤的空容器。

使用塗料

「Turner牛奶顏料」的「1白雪」、「壓克力顏料」的「76-B古銅金」。

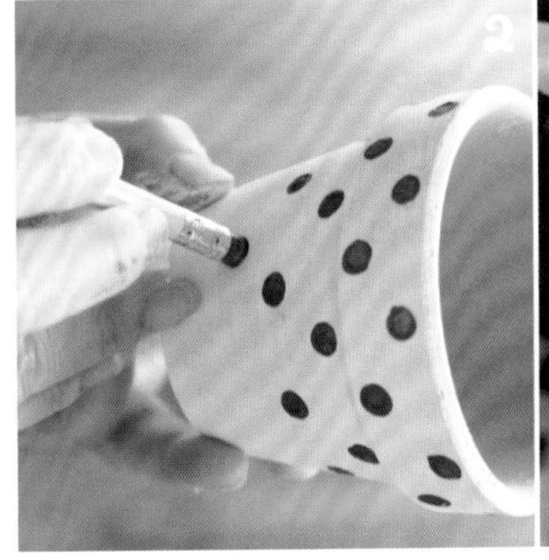

1以排刷沾取「1白雪」，刷塗花盆整體作為底色。花盆邊緣也要上色，完成品才會漂亮。**2**使用鉛筆尾端的橡皮擦沾取調色盤上的「76-B古銅金」壓克力顏料，蓋章般點按於花盆上。

Before

我家是屋齡35年的獨棟透天宅。這個走廊原本是只將牆壁刷白，什麼裝飾也沒有的空間。

「VIVID VAN」推出的「Graffiti Stencil」具有許多個性十足的圖形模板！像是蜂巢花紋與人孔蓋紋等，每種都令人躍躍欲試。

Case 2

熊丸沙希小姐

若想追求與眾不同的裝潢風格
不妨運用鏤空字體
與幾何圖案的模板來實現！
當作視覺重點使用也很酷

金屬花板網紋

1先以「金屬花板｜SS-15」製作出底紋，再以「Graffiti Paint Glitter」的「GS-01 Silver Spoon」塗繪，表現出鏽蝕感。

字體設計

2包含英文字母、數字、符號的套裝模板相當便利。亦可逐一剪下各個文字，拼組出原創logo。

輪胎紋

3一見鍾情的「輪胎紋｜SS-07」。最近喜歡嘗試用它與幾何圖案搭配，組合出時尚的紋路壁板。

條紋&三角形

4利用紙膠帶規劃花紋上漆，最後再塗刷一層「Graffiti Paint Glitter」的「PE-03 Silent Wave」，閃耀著珍珠般的光澤，宛如施了魔法！

1

3

4

我從小就非常喜歡畫畫。在思考室內裝潢擺設時，也將空間視為一張畫布。牆面的顏色時常會因為靈感乍現而改變。每當屋內主題色彩改變，整體氛圍也隨之煥然一新的模樣讓我樂此不疲。

不過，光是塗刷改色還不夠，我想要更多不同樣式的變化！所以挑戰了使用模板增加各種圖案的方法，像是金屬花板網紋或輪胎紋，就連難以手繪的圖案，也能借助模板簡單完成。只要撕下模板就能看見漂亮完成的圖案，實在令人開心不已，不禁沉迷於使用模板來粉刷改造。

其中負責展現金屬質感的重要角色，正是金色或銀色塗料。乍看之下，會產生「化妝品？」般疑惑的閃亮感，但是只要與其他塗料疊合，或是加工作出些許髒污，隱約顯露的柔光就會呈現出古舊質感。藉由這些塗料工具，單調的走廊終於搖身一變，成為國外的古典風格住宅。

1

手寫化學方程式&模版文字的組合

將手繪插畫與模板文字組合在一起，讓整體的視覺效果更集中。濃塗的模板文字微微暈開，與插畫形成恰到好處的平衡。

2

一紙一字的模板文字排列組合

「Graffiti Stencil」的「FONT-03 SS-L3」是女孩風格的纖細字型。搭配陽剛風格的底紋顯得格外時尚！

「Graffiti Stencil」有3種字體。英文字母分為單一字母模版，與26字母一張的模版可供選擇。

實在難以決定裝潢風格之際——
不妨嘗試塗漆的文字擺飾
光是並排陳列
就能立刻提升室內空間質感

我常常在街上散步時，發現室內裝潢的創意點子。無論是店面櫥窗還是招牌，在我覺得「好可愛！」的當下，就已經深深地刻印在腦中，並且以個人風格的方式加以變化。

使用文字設計的改造方法，或許可以稱為我的個人代表作。例如將模板的英文字母一字一枚繪製在卡紙上，組合排列，如此便有著服飾店般的展示風格。以繪於建築牆面的街頭塗鴉藝術為設計發想，將化學方程式手繪於牆面，亦能讓模板的英文字母更為鮮明，視覺效果相當有型。即使是簡單的立體文字擺飾，若以美術館文藝復興時期的珠寶為意象，塗漆改造之後的成品也會全然不同！流行的字體、塗料的選擇，與花費巧思的使用方法，藉由多元組合讓我能夠充分表現自己所想，並且成為享受樂趣的工具。

3 以塗漆讓立體文字擺飾散發古舊氛圍

使用「Graffiti Paint Glitter」塗料，即可將木板或紙張簡單變成金屬質感。原本木製的立體英文字母也能改造成黃銅風格！

貼於標籤牌

將遮蔽膠帶「YJV-02 直尺」貼在裁切成山形的美術紙上，再打孔穿過魔帶，讓禮物升級的標籤就完成了！

貼於隨身保溫杯

具有耐水性，只需使用「YJK-05 標籤」當作單一重點，貼於市售的保溫杯上，就變成一件出色的原創小物！

Pick Up

使用好貼好撕「YOJO TAPE」的超簡單文字設計活用技巧

「YOJO TAPE」是印有可愛圖案的遮蔽膠帶產品。以招牌文字、數學公式等文字設計風格圖案為首，全系列已有數十種花紋款式。不需刀剪可直接用手撕開，而且具有很強的耐水性，擁有各式各樣的使用方法。

塗繪輪胎紋的裝飾合板

運用個性強烈的輪胎紋組合圖案。用色參考了國外的民族服裝，選擇「GFW-27 Dolphin Dream」與「GFW-28 Rolling Stone」帶藍的灰色系，以紙膠帶區隔出色塊再塗漆。

漆出工業風金屬花板牆

令人聯想到車庫地板的硬派風格圖案，大膽地運用於牆面，完成充滿存在感的成品。一組包裝裡含有粗紋與細紋兩種樣式，在此選用較為醒目的粗紋圖案。

備用物品

長700×寬800×厚15㎜的合板1片、輪胎紋模板 型號「SS-07」（長53×寬36㎝）、寬24㎜的紙膠帶、化妝用海綿。

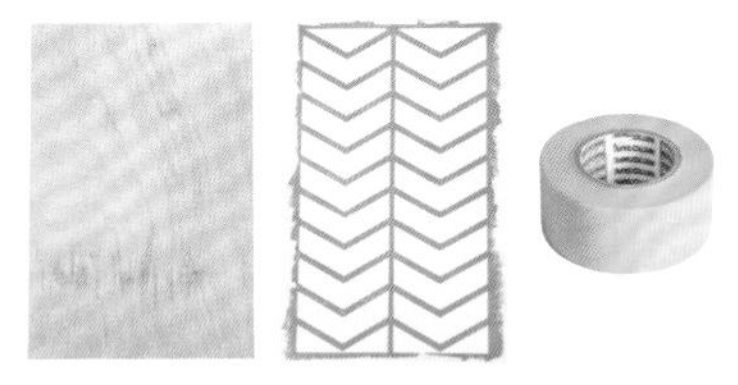

使用塗料

「Graffiti Paint Glitter」的「GS-04 Gold Rush」、「Graffiti Paint Wall & Others」的「GFW-35 Black Beetle」。

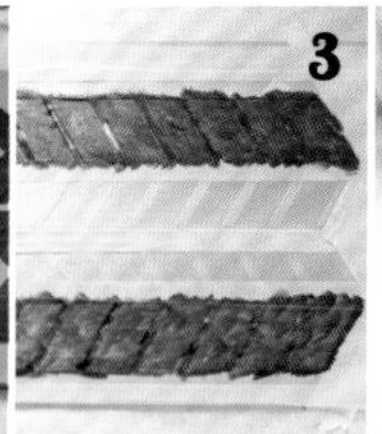

1 為了呈現金屬質感，先刷塗「Gold Rush」作為底漆。乾燥後放上模板，並且先以紙膠帶保護先前塗漆的部分。以模板塗漆的輪胎紋若是線條角度清晰，看起來就會很漂亮，因此將山形圖案再各自平分成2部分，共分為4個區塊遮蓋起來。2 使用海綿沾取「Black Beetle」，在合板上刷塗。3 先塗外側兩列，再以相同方式塗滿內側。4 整體塗布完成後，在塗料乾燥前拆下模板。

備用物品

金屬花板紋模板 型號「SS-15」（長53×寬36㎝）、寬24㎜的紙膠帶、化妝用海綿。

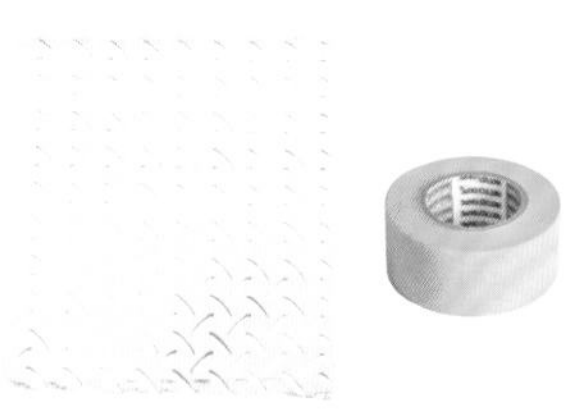

使用塗料

「Graffiti Paint Wall & Others」的「GFW-26 Snow White」、「GFW-35 Black Beetle」、「Graffiti Paint Glitter」的「GS-01 Silver Spoon」、市售蠟塊。

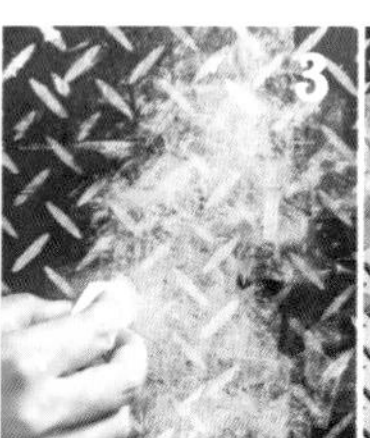

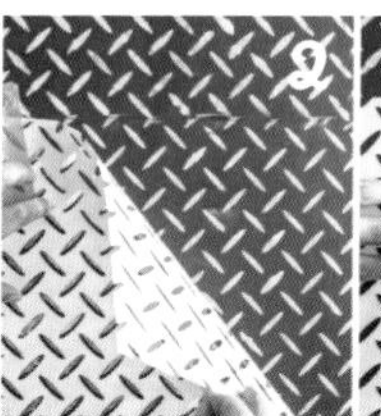

1「先在牆面刷上「Black Beetle」作為底色，乾燥後放上模板，以紙膠帶固定。海綿沾取少量「Snow White」，在模板上輕輕點按上漆。2 逐步移動模板，在整面牆上作出金屬花板紋。3 在圖案接縫處加上「Sliver Spoon」，以海綿暈開邊緣塗料。重點是作出自然的長條形鏽蝕感。4 使用市售蠟塊塗抹步驟 3上色處，顏色暈開即完成。

立體文字擺飾的古舊風格處理

「Graffiti Paint Glitter」的金銀光澤漆，是能夠讓木製物品擁有金屬質感的塗料。再加上染色劑的處理，即可表現出鏽蝕或變色的風格。

備用物品

木製立體文字擺飾、排刷、化妝用海綿、布巾。

使用塗料

「Graffiti Paint Wall & Others」的「GFW-02 Fox Tail」、「GFW-28 Rolling Stone」、「Graffiti Paint Glitter」的「GS-04 Gold Rush」、市售的蠟塊。

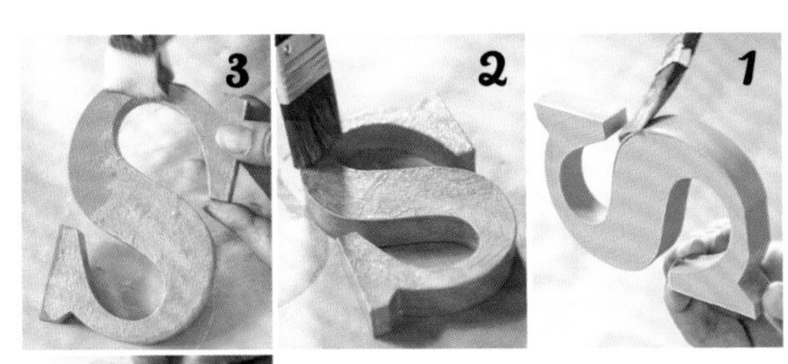

1 以排刷在立體文字整體刷上兩層「Fox Tail」，靜置待乾。*2* 之後再疊刷兩層「Gold Rush」。*3* 使用海綿沾取「Rolling Stone」，以輕敲的方式點按在立體文字的邊角處，表現出古舊的黃銅綠鏽質感。*4* 以市售蠟塊細細疊塗在金色塗料上，作出髒污感即完成。

金屬漸層直條紋的兒童椅

「Graffiti Paint Glitter」系列備有金銀與珍珠兩種光澤類型。在此使用的是珍珠光澤漆，只要刷在先前的塗料層之上，就會散發出金龜子般的獨特虹光。

備用物品

兒童椅、24㎜寬的紙膠帶、化妝用海綿、排刷。

使用塗料

「Graffiti Paint Wall & Others」的「GFW-15 Rose Bud」、「GFW-27 Dolphin Dream」、「GFW-02 Fox Tail」、「Graffiti Paint Glitter」的「PE-03 Silent Wave」。

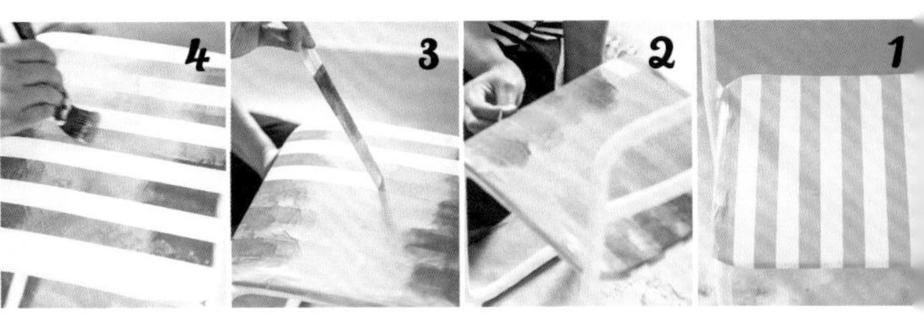

1 使用紙膠帶在椅面上等間距貼出直條紋。*2* 分別從椅背側與外側，依序往中央刷塗「Rose Bud」、「Dolphin Dream」、「Fox Tail」，以海綿按壓上漆作出漸層效果，顏色混染也無妨。*3* 在塗料乾透之前撕除紙膠帶。*4* 塗料乾燥之後，以排刷沾取「Graffiti Paint Glitter」的「Silent Wave」刷塗整個椅面，色彩的漸層變得非常美麗。

1

各有特色的房門讓空間充滿樂趣

以偏暗的棕紅色或深紅色等沉穩色調統一空間，讓各種顏色融為一體。對於來訪的客人，只要告知「洗手間是藍色門」即可，非常簡單明瞭吧！

村田惠津子小姐

門板、地板、玻璃窗——將寬闊的平面當作畫布自由上漆一旦看膩只要重新換色刷塗即可！

我大約是在5年前迷上油漆這件事。自從拜訪過一些新落成的住家之後，對於陳舊單調的自宅感到厭煩，甚至失落到不想邀請朋友前來。雖然想作些什麼改變，卻又無法進行會製造噪音的木工……於是便計畫以粉刷來改造居家空間。

最先著手的，是將兒子房間的和式拉門刷成藍色，立刻全然不同的整體氛圍令我非常感動。室內空間加入色彩後，確實感受到心情也隨之變好。接著，不管是牆面、門板還是地板都成為我的畫布。最後，幾乎是家裡所有可以上漆的空間都被我粉刷改造。因為喜歡有個性的住宅，所以將門板塗成暗色調的紅色與藍色，作為視覺重點。看到整個居家空間增添了許多色彩的老公與兩個兒子，在驚訝之餘也開始享受油漆改造的樂趣。在這樣的強力支持下，一回神發現自己已經每天都手不離刷了！

上漆的精髓在於玩心。加入分色塗刷的復古海報風模板，完成古董調性的空間。

地板或作業場所留下的漆痕亦別有風味

客廳就是我的作業區。即使到處都是上漆時留下的痕跡，我也不在意。日漸累積的污痕所展現出來的韻味，反而令人覺得開心！

2

地板塗刷的是「Graffiti Paint Floor」的「GFF-28 Rolling Stone」。由於上漆後會形成高強度的塗膜，即使只塗一層也不容易剝落。

3

以細字畫筆寫上文字的玻璃窗

使用讓文字筆畫粗細一致的細字畫筆，沾取水性漆寫在玻璃窗上。網站「RAKUGAKI屋gami」（http://ameblo.jp/gamiino/）也接受插畫或塗漆的委託製作。

在玻璃門片上漆
再加上文字＆插畫

徒手畫上直條紋

在門片寫上物品名稱
取代標籤

很喜歡「壁紙屋本舖」Imagine Wall Paint的「American Vintage Colors」系列，色彩鮮豔卻很容易融入空間。盥洗台右側牆面的收納櫃，門片漆上了「94 Moring Fresh Milk」，外框則是「90 Mom's Chocolat Cookie」。

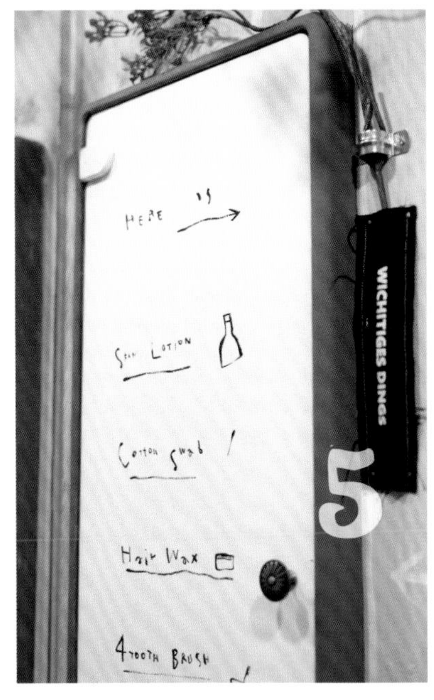

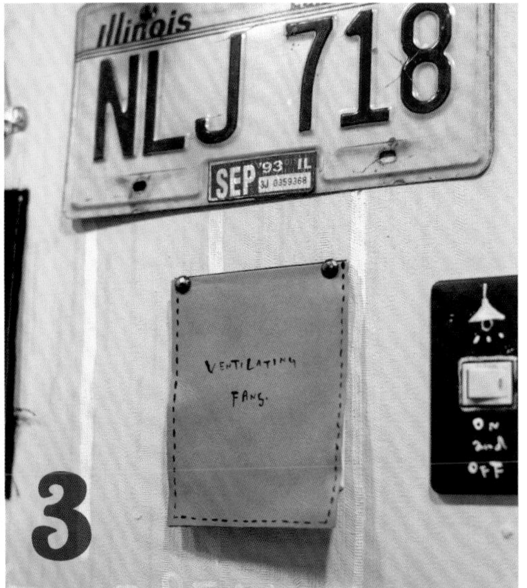

1 遮掩洗衣區的布簾也寫上手繪文字。 *2* 鏡子上方的裝飾木板，先刷上Vivid Van的「Antique Liquid」，再以白色塗料寫上文字。 *3* 遮蓋控制面板的皮革縫線，其實是塗料繪成。 *4* 僅是將空罐刷上「Antique Liquid」就能呈現出舊物感！ *5* 收納櫃的玻璃門板刷上米白色的「94 Morning Fresh Milk」增添暖意。 *6* 喜歡不打草稿的手寫風格。顏色不均的門板，是刻意以「95 Army Green Jackets」表現出隨性風。

正因為是毫無特色可言的20年老公寓
所以光是粉刷牆面仍然不足……
加上手繪圖文之後
整個家變成一個充滿塗鴉的愉悅空間

現在被朋友稱為「塗鴉大神」的我，之所以有這樣的稱號，據說是因為我所描繪的插畫與文字，具有獨特且令人感到快樂的氣息。的確，從小我就非常喜歡寫字畫畫，就連門板和玻璃窗都忍不住想在上面塗鴉。

文字部分，我的作風是使用單色的細畫筆一口氣完成書寫。如果特意想要讓觀者發出「哇喔！」般的驚豔開心感，就會寫上一些世界名言佳句，或者花心思加上小插畫。

最新作品是巴黎度假風的洗臉台。由於是陽光照射不到之處，因此選擇將牆面刷成明亮的黃色。在收納櫃門片手寫櫃內物品的名稱或插畫。主色是改造達人久米真理小姐監製的「MUMU PAINT」。塗上宛如水果般的黃色「170 MiMi」之後，早上的梳洗時間頓時成為一種享受。獲得家人大力讚賞「變得好明亮，真不錯！」的我，同樣感到開心不已。對我而言，粉刷上漆是一種能夠帶來活力的魔法。

一般公寓常見的壁紙牆面與一體成型洗臉台。內容物一覽無遺的壁面收納櫃也不合我意。

**盡是鮮豔花俏的顏色會顯得幼稚
於是搭配單次塗刷立顯舊物感的
塗料增添成熟內斂氣息！**

Imagine Aging Liquid

刷在已上漆之處，即可展現古舊風情的塗料。本身為水性且沒有什麼味道，所以室內也可以使用。

以「MUMU PAINT」粉刷牆面

由居家改造達人久米真理小姐監製，PVC壁紙、水泥、砂漿、木頭等材質皆可粉刷的塗料。不易滴落、不含有害物質，並且具有防黴效果。※部分材質在塗刷前可能需要先上底漆。

僅需使用海綿沾取「Aging Liquid」，在空罐輕拍上色就能表現舊物質感。為了收斂牆面亮麗的黃色，下半牆使用了「175 Co Co」的巧克力色。

白色配電箱上使用了「Metallic Paint」的「ME-F2A 博士的銀框眼鏡」，以海綿沾取後隨意擦刷，立刻作出長年使用的感覺。

使用Imagine Metallic Paint

刷上即可散發金屬般光澤的水性塗料。該系列共有金、銀、銅三種顏色，不妨依照喜好的質感區分使用。

Silver Doctor's Glasses

粉刷塗漆時，最喜歡也最常用的手法，便是醞釀出舊物質感般的色調。話雖如此，在決定一個區域空間的用色時，最多只能選擇五種顏色。若是不加以限制，很容易產生視覺疲勞。

配色部分，會預先畫圖並仔細構思。這次改造洗臉台，主色選擇了偏深的黃色與綠色，輔助色則使用奶油白與棕色。偶爾也會發生實際上色後與想像不同的情況……這時只要重新刷塗，覆蓋即可。隨時都能改變正是塗漆最大的魅力呢！

只需塗漆即可將門片變成白板

門板內側刷塗了具有白板性質的塗料，成為全家人的行事預定表。使用麥克筆書寫記事，以濕紙巾擦掉即可，非常方便。

備用物品

滾筒刷、畫筆。

使用塗料

白板漆「White Board Dry Erase Clear」AB兩劑一組、「Imagine Wall Paint」的「65 Brave Black」、「Imagine Wall Paint American Vintage Colors」的「94 Moring Fresh Milk」。

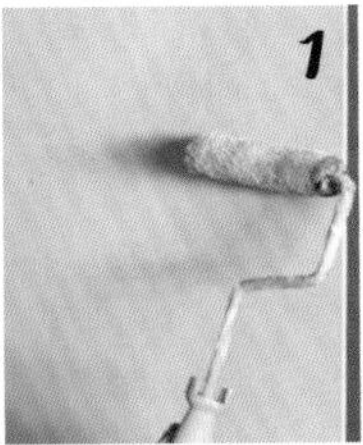

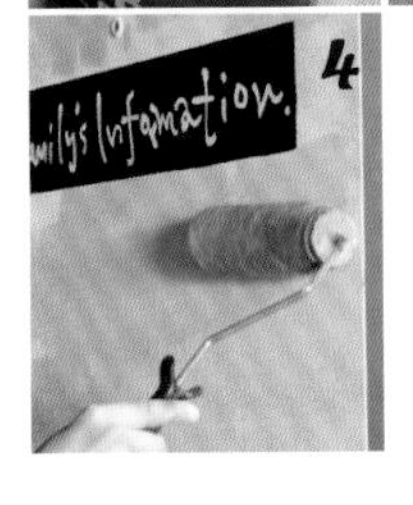

1 以滾筒刷沾取「Moring Fresh Milk」刷塗一整面的門片。 *2* 以「Brave Black」刷出一個長方形，再以畫筆沾取「Moring Fresh Milk」書寫文字。 *3* 充分混合白板漆的AB兩劑。 *4* 使用滾筒刷將步驟**3**混合好的塗料全面刷塗兩次，大約等待三天乾燥之後即完成。

毫無困難技巧！初學者也辦得到

收納地圖般的洗臉台門板

以令人感受到峇里島盎然綠意的綠色，作為收納櫃門板底色，並書寫標示出收納物品名稱。渲染般的技法看起來似乎很困難，其實只要用滾筒刷即可完成，相當簡單。

備用物品

排刷、滾筒刷、畫筆、放置塗料的油漆盤、繪製插圖用的調色盤。

使用塗料

「Imagine Wall Paint American Vintage Colors」的「95 Army Green Jackets」與「94 Moring Fresh Milk」。

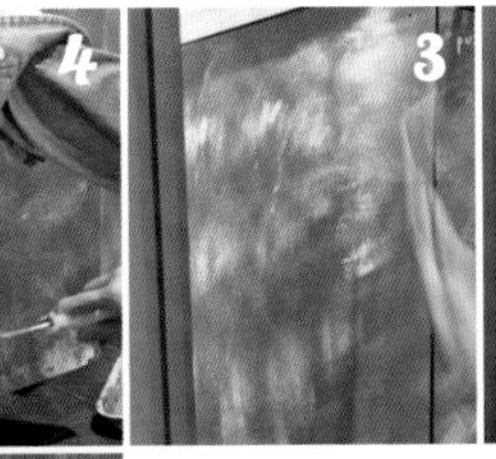

1 經歷20年歲月的櫃子門片，已經呈現完全褪色的狀態。 *2* 以滾筒刷沾取「Army Green Jackets」，全面刷塗門片。 *3* 滾筒刷沾取「Moring Fresh Milk」之後，以擦過表面的方式上色，塗刷時需注意避免破壞底漆。 *4* 滾筒刷再次沾取「Army Green Jackets」，以不完全覆蓋的方式，隨性刷塗在白色漆的上面。**5** 以細畫筆書寫文字。亦可先打草稿再試寫看看。

手作的置物架與托盤都是使用「nüro」上色。可以如同顏料進行混色的塗料，樂趣多更多。再加上「木用染色劑」即可簡單作出舊化效果。

In Kitchen

只要在舊有的玻璃容器加上圖案或文字
即可改造成時下流行的風尚小物

宛如一般繪畫顏料　初學者也能輕鬆上手！

以「nüro」系列 提升雜貨小物的質感！

笨手笨腳所以沒有漆出時尚風格的自信……
有這樣想法的人也請安心。
在此發現了一款可以像顏料一樣
輕鬆刷塗的可愛管狀塗料！
在此有請熱愛流行事物的佐藤惠子小姐
立刻試用這種塗料來改造手邊平凡的雜貨小物吧！

最愛粉刷！

佐藤惠子小姐

在居家雜貨店工作。購屋之後開始沉迷DIY，過著不是在粉刷家中牆面，就是在製作小型家具的日常生活。

nüro Standard

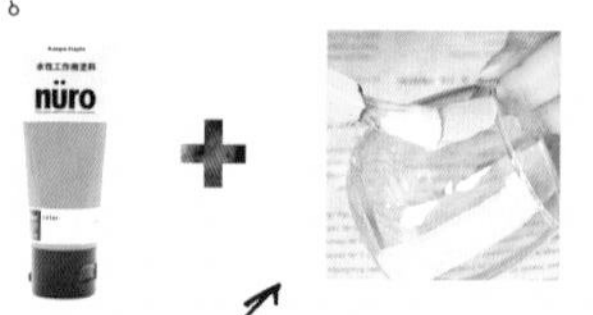

百圓商店的玻璃容器，只需加上手繪線條，立刻變成北歐風格的雜貨！

1 使用畫筆隨意手繪也OK

先擦去塗裝表面的灰塵再上漆，可讓塗料的附著度更佳。即使是玻璃容器也只需刷塗一次就能漂亮顯色，五分鐘就可完成。

nüro Deco

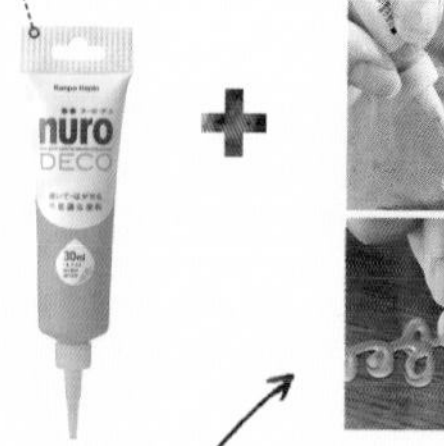

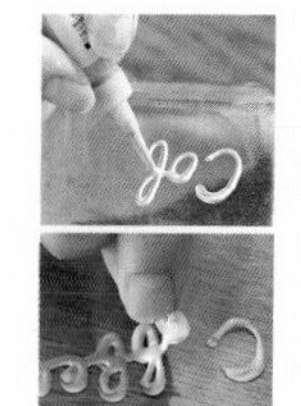

在市售的密封罐加上手寫文字，作成原創物品。圓潤立體的塗料十分可愛！

2 像筆一樣描繪還可自由撕除或黏貼

明明是塗料卻能像立體膠筆一樣描繪、撕下、黏貼，令人由衷開心。膨潤的立體線條很是可愛，簡單就能作出重點裝飾。

可以像顏料般輕鬆塗繪，卻是具有耐水性的塗料，即使水澆雨淋也沒問題。可以安心使用於室外裝飾。

需要排班的工作時段每天都不一樣，即使想改換室內風格，但我若無法專注地一氣呵成就無法作好。就連只是開個油漆蓋都成了一件苦差事……反而讓身體越來越沉重。

然而，這款「nüro」僅需啪地一聲就能打開蓋子。塗裝時也是直接擠出來使用，無須太多工具即可完成，只有零碎的時間也能輕鬆享受刷塗上漆的過程。顏色也相當豐富，連金、銀等金屬色系都有，實在令人開心。參考國外的室內布置，將百圓商店的玻璃容器加上條紋，立刻變得很時尚！輕鬆方便的作法讓我不禁改造了很多雜貨。下次要嘗試改造什麼呢？

nüro Standard

3 直接擠在素材上

因為是軟管包裝，所以直接將塗料擠在花盆上，再用畫筆刷塗即可。不需調色盤，事後收拾也輕鬆。

在花盆上斜貼紙膠帶，僅上色半邊卻很時尚。

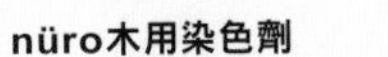
nüro木用染色劑

4 凝膠質地的染色劑

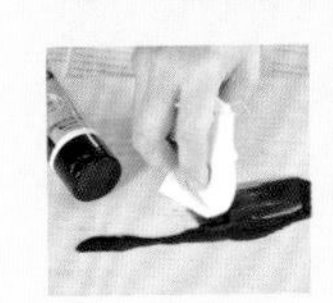

染色劑也是軟管包裝，而且還是使用方便的凝膠質地。只需擠在塗裝表面，以布巾延展塗勻即可。

邊角材分別塗上5種顏色的「木用染色劑」，拼成樣貌豐富的板材。

各式各樣的尺寸！配合塗漆物品選擇適用容量吧！

軟管包裝使用超方便

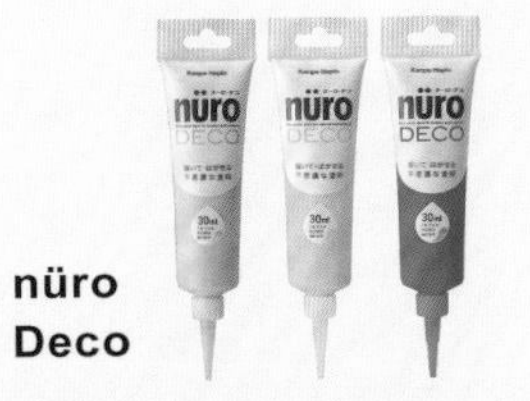

nüro Deco

適用於玻璃或塑膠材質的塗料，乾燥後可以乾淨漂亮地整個撕下，亦可再次黏貼。單支份量能夠畫出6m長的直線。全10色，規格僅30ml一種。

nüro 木用染色劑

想要凸顯木紋的最佳染色劑。全系列包含胡桃木等共10色，有30ml與70ml兩種規格。可以依物品大小選擇適用容量。

nüro Standard

顯色度絕佳的水性塗料，也有螢光與加入亮粉的色系。拇指往上一撥即可打開的蓋子非常方便。30ml、70ml的包裝有38色！大容量的250ml則有10色。

產品資訊／株式會社Kanpe Hapio
http://www.kanpe.co.jp

Section 02

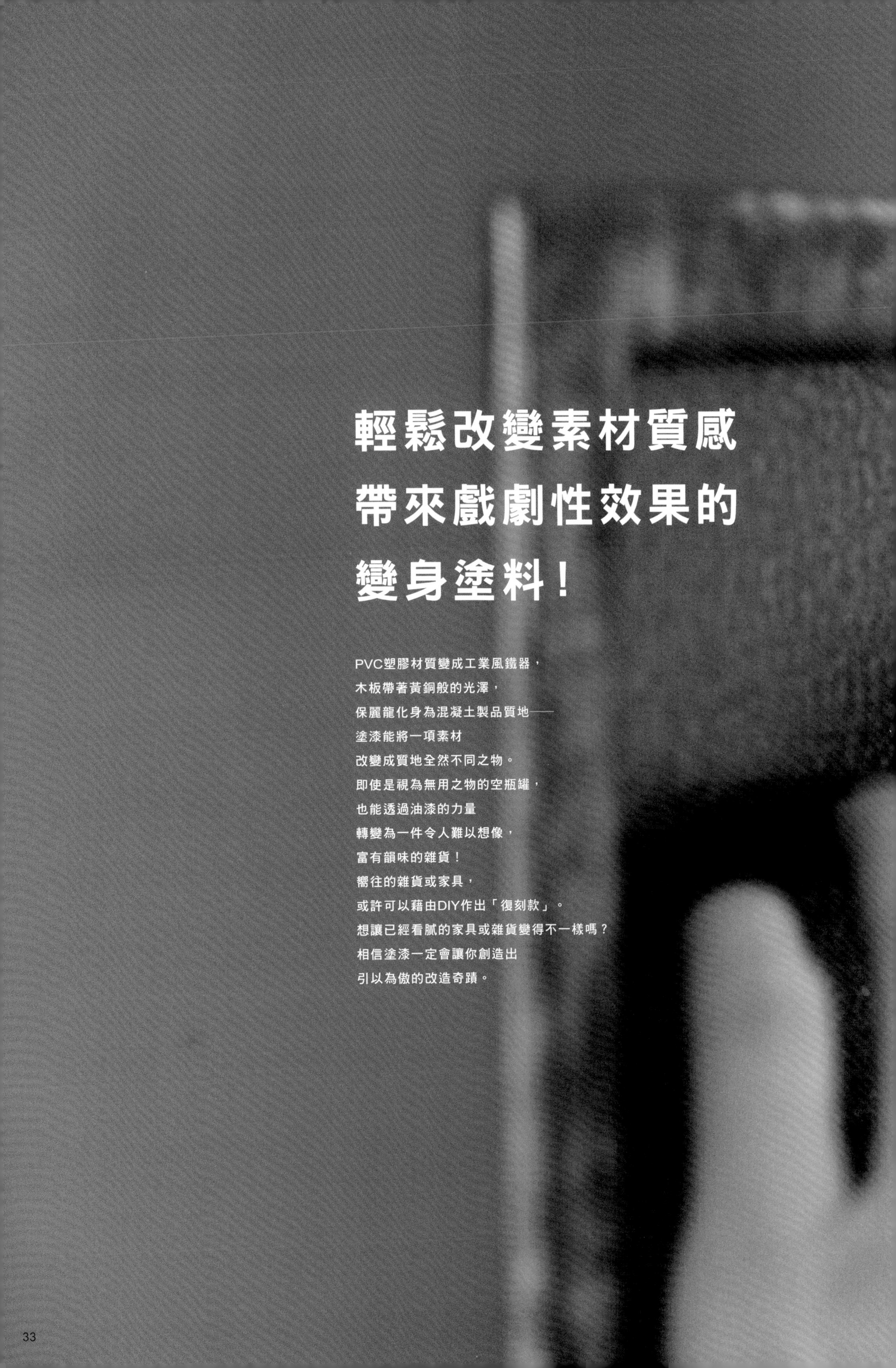

輕鬆改變素材質感
帶來戲劇性效果的
變身塗料！

PVC塑膠材質變成工業風鐵器，
木板帶著黃銅般的光澤，
保麗龍化身為混凝土製品質地——
塗漆能將一項素材
改變成質地全然不同之物。
即使是視為無用之物的空瓶罐，
也能透過油漆的力量
轉變為一件令人難以想像，
富有韻味的雜貨！
嚮往的雜貨或家具，
或許可以藉由DIY作出「復刻款」。
想讓已經看膩的家具或雜貨變得不一樣嗎？
相信塗漆一定會讓你創造出
引以為傲的改造奇蹟。

Case 1

中野美和小姐

平凡無奇的兒童房木門與木桌
塗刷成彷彿經歷歲月洗禮的
舊工業金屬風！
整個房間變樣成為
宛如工廠般的個性空間。

Before

房間原本的樣子，牆面是白色磚造風的壁紙。房門則是常見的淺褐色平開門。

門板與書桌
木製→鐵製風格

自家住宅落成至今已有12年，雖然也曾重新布置過居家空間的樣貌，兒子小光的房間卻一直沒有改動。但是他明年就要升上小學四年級，差不多也該打造一個能用功讀書的地方了。詢問兒子「想要一個什麼樣的房間」，回答則是「很帥氣的房間！」因此，計畫從牆壁到門板都要來個耳目一新的大改造，給兒子一個驚喜。設計構想是時尚的祕密基地。牆面以深綠為主色，淺褐色門板與黑色書桌則上漆作出舊化的鐵製質感。

使用塗料是「VIVID VAN」公司推出的「Graffiti Paint」。由於初次使用時，我直接刷塗在牆面或木板上，卻沒有出現板材裡的鞣酸或木質素等水溶性成分浮出的情況，完成了效果極佳的作品，自此以後便成為我愛用的塗料。

兒子小光一看到塗漆改造後煥然一新的房間，就非常高興地說「好酷！」希望之後也要努力用功讀書喔！

門把使用了「GS-01 Silver Spoon」與黑色塗料疊擦而成。門扉也加上線板作出格柵狀，增添鐵製品的氛圍。

原本黑色的木桌，變身成為鋼鐵製品般的書桌。再用模板加上英文字裝飾。

金屬燈具則是先刷上「Metal Primer」打底，再刷塗黑色漆。隨興不均的上色方式，展現出舊物感。

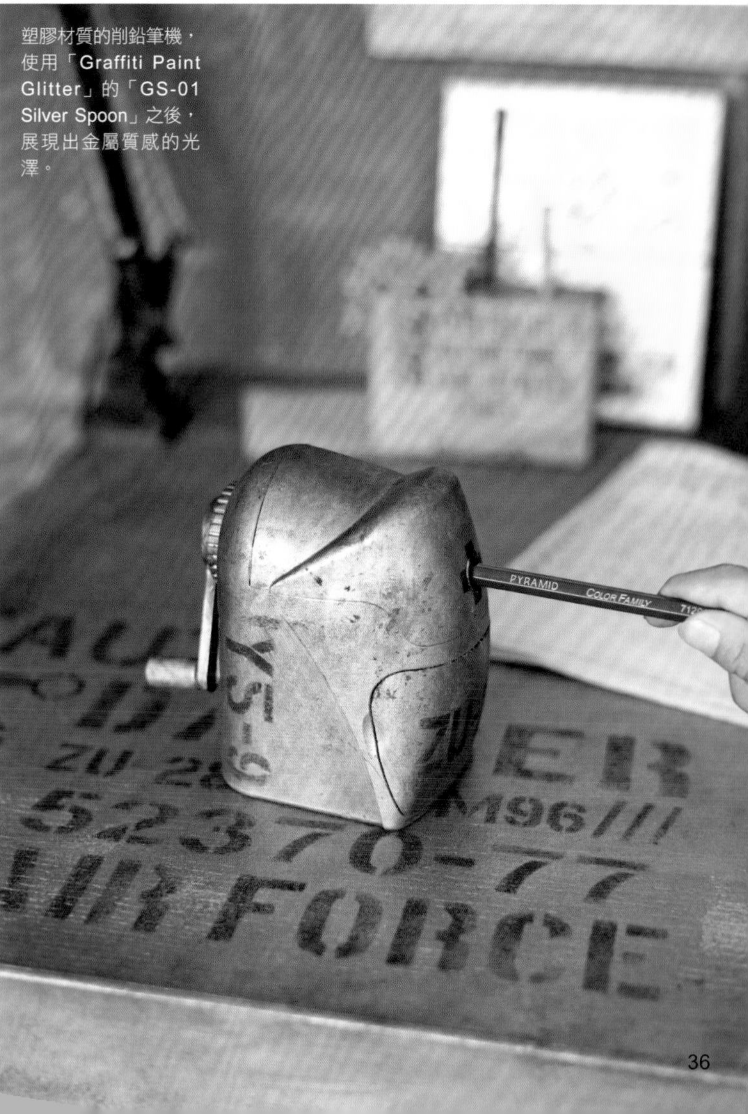

塑膠材質的削鉛筆機，使用「Graffiti Paint Glitter」的「GS-01 Silver Spoon」之後，展現出金屬質感的光澤。

為了搭配改造成舊鐵形象的書桌，將燈具與牆面也漆成舊化風格。以低調內斂的顏色統一整個空間。

Before

書桌原本是單調的黑色合板製品。無趣乏味的空間，似乎讓小光一點都不想坐在這裡念書。

添加帶有金屬光澤的塗料
呈現宛如長久使用後的舊鐵質感

想讓書桌與門板看起來像是鐵製品，於是使用了「Graffiti Paint Glitter」這款塗料。由於成分內含具有金屬光澤般的閃亮粒子，十分適合用以展現鋼鐵金屬的氛圍！真正的鐵製品因為過重而難以運用，然而只要以塗漆的方式，即可將木材或塑膠材質改造成鐵器風，正是此款塗料的優點。就連老公與兒子都誤以為我真的買了一個舊書桌！

Graffiti Paint Glitter

加入閃亮粒子
提升金屬色澤質感

附著性與延展性俱佳，不需事先刷塗底漆即可使用。適用於金屬、塑膠等材質的亮面光澤水性塗料。顏色共有金銀色系6色，珠光色系6色。*1* 恰如黃金般的「GS-04 Gold Rush」 *2* 優雅閃亮的「GS-01 Silver Spoon」。

待步驟4乾透之後，以10倍的水稀釋「GFW-35 Black Beetle」，以排刷沾取，大膽塗刷表面，即使覺得底層顏色被完全覆蓋也無妨。

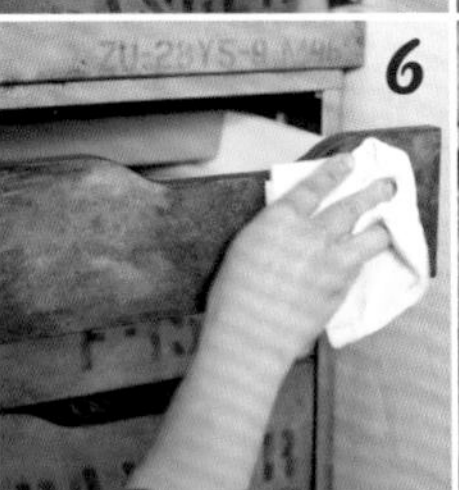

步驟5 一刷完，立刻拿起溼巾擦去塗料。此步驟會使表面覆上一層淡淡的黑色，呈現古舊污損的印象，產生長久使用後的韻味。

原本的書桌是市售商品，單調乏味的黑色合板外觀。只是塗漆就變身為鐵製質感。

首先以海綿沾取「Metal Primer」，刷塗整個書桌表面後，等待充分乾燥。塗布不均勻也沒關係。

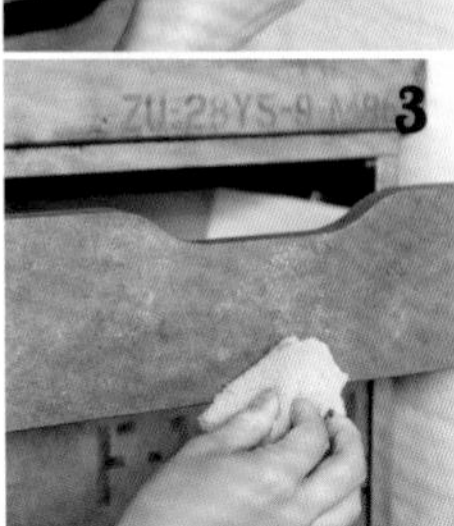

在「Glitter」系列的「GS-01 Silver Spoon」混入少許「GFW-35 Black Beetle」，海綿沾取後在整個書桌輕拍上色，作出斑駁不均的感覺。

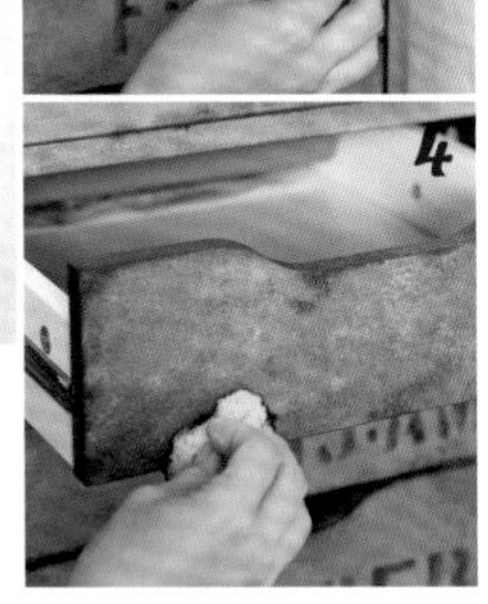

在「Glitter」的「GS-04 Gold Rush」混合微量的「GFW-35 Black Beetle」，海綿沾取後輕拍上色，邊角部分再輕拍塗上「GFW-30 Cacao Bean」表現鏽蝕感。

完成品如照片所示。藉由邊角處重點塗漆的方式來表現鏽蝕與髒污感，最後再以模板加上文字即完成。

使用塗料

Cacao Bean

最上方是「Metal Primer」。作為底漆使用，能夠有效提升塗料的延展性。對於防止香菸焦油的沾附，以及木材本身的水溶性物質釋出等具有絕佳的效果。下方兩款是「Wall & Others」系列。重複塗刷2次即可擁有美麗成品。規格容量從40ml至10公升。

牆面以模板製造斑駁效果
或以水稀釋塗料作出古舊壁紙風格

牆面若是只塗刷一種顏色，就會給人平板無變化的印象。於是我經常使用模板來加以變化。只要利用市售的英文字母或動物圖案等模板，改造就變得很簡單。斑駁不均的上色會更加強調古舊感。另外也在白色磚造風格的壁紙上，以稀釋過的塗料加入些微陰影，帶出立體感的同時，亦增添深度與韻味。

門板全面刷塗「Metal Primer」作為底漆，再以「GFW-28 Rolling Stone」畫出門框，中央以滾筒刷上漆「GFW-33 Diamond Dust」2次。最後以「GFW-30 Caocao Bean」仿造髒污感。

原本乏味的門板與牆面。兒子不想待在這裡，我也莫可奈何。

運用模板上漆時，斑駁不均的模樣反而呈現出長久使用的氛圍。使用滾筒刷沾取塗料時，盡量刮除多餘漆料再粉刷，以海綿上漆也一樣。

我使用的模板是「Graffiti Stencil」的「小屋女子計畫」系列。可拆開局部使用的模板，是想要打造視覺重點時的寶貝工具。

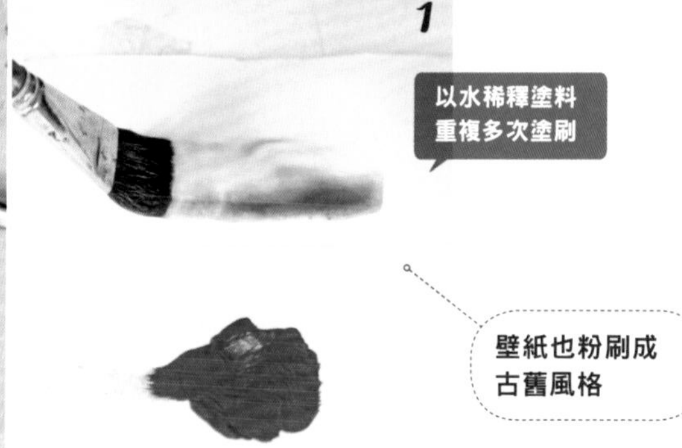

平筆前端僅一側沾取棕色塗料，另一側只沾水，在調色盤上左右移動融合，作出自然的漸層。

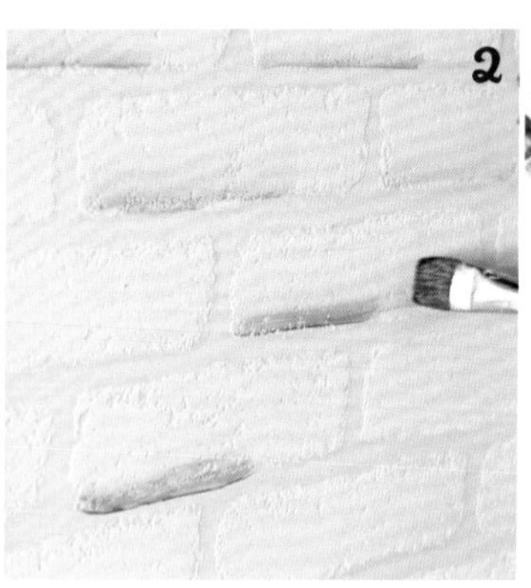

在磚塊紋的下緣刷上棕色塗料，將畫筆橫向移動，繪上陰影。不需塗得均勻，上半的斑駁飛白更添真實感。

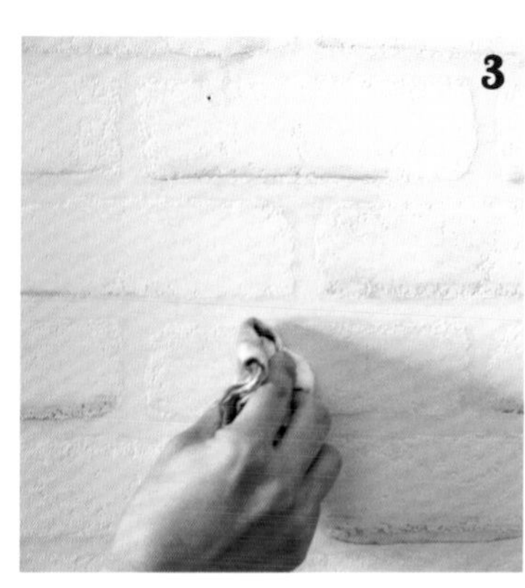

陰影過濃時，可用溼布一邊暈染一邊擦去多餘塗料。塗料變乾時，可再加水稀釋棕色塗料，以排刷再刷一次。

1 濃淡不均的「SS-12 人孔蓋花紋」，看起來就像國外古宅的老舊壁紙。*2* 時鐘旁繪製了一個像是在觀看時針的模板圖案，作出變化。模板是不善畫畫的我，最強的幫手。

3 只是在磚塊壁紙畫上陰影，就將古木置物架襯托得更有風情，實在令人開心。*4* 塗漆時一直喊著「我也要刷！」的小女兒，也讓她握著筆加入作業，母女一起塗漆的時間最是快樂。

塗漆之後，門板與擺飾小物的素材質感煥然一新。整個室內都因為這個角落而重生，成為富有韻味的個性空間，實在令人激動不已！

在衣櫃的摺疊門上
大膽刷塗上漆
改造成復古風格的
門板兼黑板！
粉刷用打底壁紙更是不可或缺

衣櫃門片成為大型黑板

我很喜歡粗獷的復古風室內裝潢。雖然會在部落格分享自家的室內裝飾擺設，但仍然有著從未曝光的地方——就是房門附近的空間。原有的門板與衣櫃摺疊門是常見的明亮淺褐色，跟帥氣風格的裝潢不太搭調。而且因為是租賃的房屋，無法隨便更改門板樣式，因此就放棄了改造的念頭。這時，正好得知一款可以隨意黏貼撕除的粉刷用打底壁紙「Hatte Me Paintable」，只要貼上這種壁紙就能自由塗漆！突然間躍躍欲試的我，立刻下單訂購，準備挑戰改造。

為了襯托復古風格的雜貨小物，選擇了深藍色來粉刷門板。衣櫃的摺疊門則塗上可以隨意寫畫的黑板漆，將粉筆畫作為這個空間的視覺重點。

興致勃勃的我，連閒置的摺疊椅與置物架都一起塗裝改造，讓此處變成適合綠色植物的角落。完成的模樣讓我非常開心滿意，於是忍不住邀請朋友前來，一起舉杯慶祝改造成功。

塗漆用打底壁紙「Hatte Me Paintable」這些特點很厲害

1 塗料不易剝落

因為是容易附著塗料的霧面材質，所以特色是上漆之後用指甲刮也不太會剝落，顯色度絕佳也是重點。

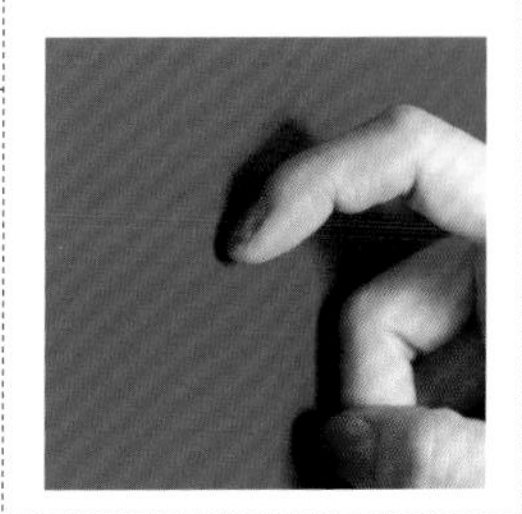

2 粉刷後可以輕鬆撕除的壁紙型態

日後想要改換室內風格時，徒手就能漂亮地撕下，門板表面也隨即恢復原狀。是租屋族布置室內空間的最強幫手！

3 圓點狀的黏膠方便重複黏貼

黏著面上圓點狀的弱性黏膠，正是此款壁紙能夠重複黏貼的祕密。容易撕除的特性令人開心大推！

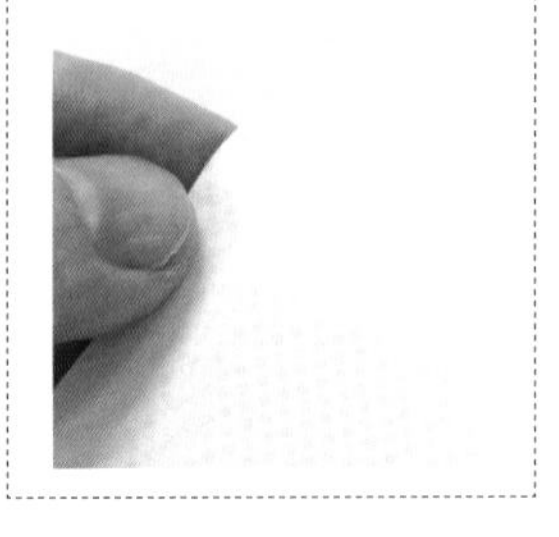

實心門片作出舊化鋼板質感

門板全面貼上「Hatte Me Paintable」之後，以滾筒刷漆上「MUMU PAINT」的「167 Lala」藍色。小窗口只在其中之一塗上黃銅質感的塗料，作為視覺焦點。其他小窗則是沿邊緣以細筆勾勒出灰色框線。

備用物品

「Hatte Me Paintable」、紙膠帶、滾筒刷、排刷、筆、海綿。

使用塗料

「Imagine Wall Paint MUMU PAINT」的「167 Lala」與「166 ViVi」、「Iron Paint」的「Rusty Iron」。

1 在想要塗漆的窗框貼上「Hatte Me Paintable」。*2* 為了避免塗料超出範圍，沿窗框內、外側貼上紙膠帶作為防護，再以畫筆塗上「MUMU PAINT」的「ViVi」。*3* 待步驟 *2* 的塗料乾透之後，以海綿沾取「Iron Paint」的「Rusty Iron」，在整體輕拍塗勻。*4* 撕下紙膠帶即完成。

只要貼上「Hatte Me Paintable」租屋處也能自在改造 如同更換物品般 粉刷牆面與門板

嘗試在黑板門片畫上衣櫃內收納的物品圖案。完成後看起來宛如店面的模樣，令我超感動。

乏味的大型建材——門片，即使加上裝飾也無法美麗如畫。開始入住至今6年，就這樣一直放置不管。

先在地板與牆面貼上遮蔽膠膜，再黏貼「Hatte Me Paintable」。刷塗「黑板漆」之後需要等待完全乾燥再上第二層，接著等待3天以上，讓塗料乾透。

變身為黑板的衣櫃摺疊門片

試著在衣櫃門片上以粉筆畫出拼貼風格的收納物品。不僅減少尋找時間，散發出成熟時尚的氛圍更是大成功。為了避免讓空間顯得太暗沉，因此選擇了藍黑色的黑板漆，而不是黑色。

黑板藝術成功的要訣

1 塗上「黑板漆」之後需要三天的乾燥時間

若黑板漆處於尚未充分乾燥的狀態，畫上去的粉筆痕跡不僅無法擦除乾淨，而且會越擦越髒。因此，最初的步驟是重要關鍵！

2 先在紙上打草稿

在黑板上畫圖時，我必定會事先打草稿。一邊注意描繪的範圍大小，一邊在紙上試畫草圖，檢視整體平衡。

3 面積寬廣時畫出基準線會比較輕鬆

描繪範圍較大時，比較難掌握比例與畫面平衡，先用粉筆畫出基準線也是一個方法。待文字或圖畫繪製完成再擦除即可。

這次能夠成功粉刷改造，多虧了這款「Hatte Me Paintable」打底壁紙，沒有它就無法在租屋處的門板上塗漆。由於是黏貼後可撕除的材質，即使途中貼歪也能修正重貼。可以剪貼的特點也很適合笨拙的我。事實上，因為無法將門上的小窗貼得很漂亮，所以採用了剪貼的方式。上漆之後拼貼處會看不太出來，美麗的成果讓我驚訝不已。另外，跟想像中一樣鮮豔的顯色度也令人滿意！

朋友看到改造之後的居家空間都睜大眼睛驚呼：「看起來完全不同了！明明是租的房子，怎麼辦到的？」朋友的反應讓我暗自握拳大呼成功。雖然只粉刷了一小塊地方，卻具有完全改變室內整體印象的絕佳效果，塗漆實在太棒了！開始思考接下來改造的我，夢想也因此無限開闊。

備用物品

「Hatte Me Paintable」、遮蔽膠膜、滾筒刷、排刷、油漆盤、紙碗。

使用塗料

「Chalk Board Paint」的「CBF50029 Navy Napkin」。

Imagine Blue Grey Tone Paint

**深受歡迎的
藍灰色系共有6種顏色**

非常適合復古風格的灰藍色調。全色系皆具有成熟優雅的氣息，共有明亮度各異的6種深淺顏色。

閒置鍋子成為帶有鏽蝕的古董風雜貨

在不鏽鋼鍋的內、外側刷塗2層「Dorothy」，再以「Aging Liquid」作出鏽蝕效果。鍋柄也塗上「Aging Liquid」，即完成一件烘托多肉植物的壁掛式花盆。

備用物品

閒置不用的不鏽鋼鍋、排刷、海綿。

使用塗料

「Imagine Blue Grey Tone Paint」的「199 Dorothy」、「Imagine Aging Liquid」。預先刷塗底漆能夠讓色漆的附著性更佳。

塗漆讓質感＆外觀180度大轉變

馬口鐵質感的摺疊椅

拆除椅墊之後，依序在底座刷塗「Imagine Blue Grey Tone Paint」的深灰色與淺灰色。接著再以擦塗的方式刷上「Aging Liquid」作出髒污感。如此一來，外觀就像是經過長久使用的馬口鐵了吧！

備用物品

居家修繕用品店常見的黑色摺疊椅、排刷、海綿。

使用塗料

「Imagine Blue Grey Tone Paint」的「197 Mermaid's Splash」、「199 Dorothy」、「Aging Liquid」。

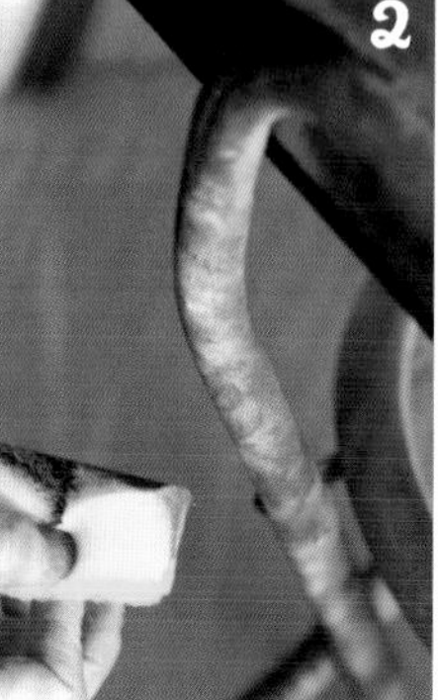

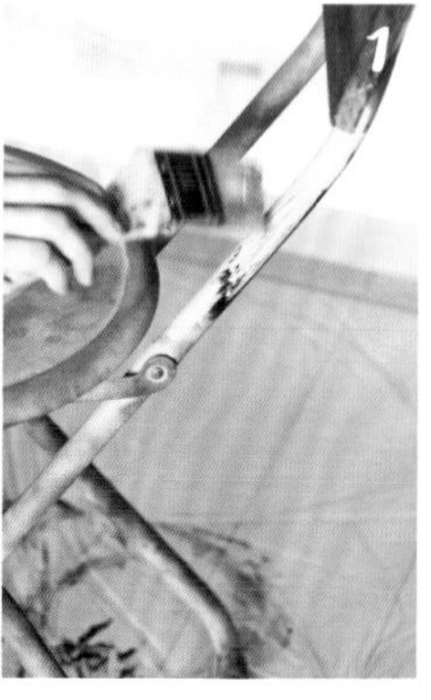

1 使用排刷將鋼管等金屬部分全部刷塗「Mermaid's Splash」。***2*** 以海綿沾取「Dorothy」，像是要遮蔽底層顏色般輕拍上漆。***3*** 以海綿沾取少量的「Aging Liquid」隨意擦塗上色即可。

作出帶有裂紋舊物感的木製層架

原本自然風的置物架，也一併改成適合綠色植物的陽剛色調，並且加上龜裂劑營造出歲月感。完成後升格為很喜歡的雜貨物件！

備用物品

木製置物架、排刷、畫筆、海綿。

使用塗料

「Cracking Medium」、「Blue Grey Tone Paint」的「197 Mermaid's Splash」、「Imagine Aging Liquid」。

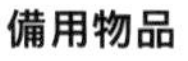

Pick Up

Turner 牛奶顏料 Cracking Medium

刷塗乾燥後會自然的龜裂！

只要使用這款「Cracking Medium」就能簡單作出龜裂紋路。直接在素材上疊塗數層，就會立即產生裂紋。

Pick Up

Imagine Iron Paint

只要刷上立即作出鏽蝕感

僅需塗刷一次就能作出鐵質光澤感的塗料。在黑色的「Cast Iron」上疊塗棕色的「Rusty Iron」即可展現鏽蝕模樣。

舊鐵質感的馬口鐵垃圾桶

變身為帶著黑色光澤的鐵製質感花盆罩。很難相信這原本是馬口鐵材質的垃圾桶吧？只要使用兩種顏色的「Iron Paint」，不需要任何艱難的技巧，誰都能完成這項改造作業。

備用物品

馬口鐵材質的垃圾桶、排刷、海綿。材質選擇鋁製或塑膠皆可。

使用塗料

僅使用「Iron Paint」的「Cast Iron」、「Rusty Iron」2種顏色。

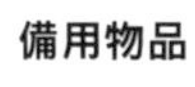

1 畫筆直接沾取「Cracking Medium」，厚實地塗刷數層。**2** 待步驟**1**的龜裂劑半乾，再以排刷塗上「Mermaid Splash」，上色後就會立即看見裂紋。**3** 待步驟**2**的塗料乾透，再拍上少量的「Aging Liquid」。

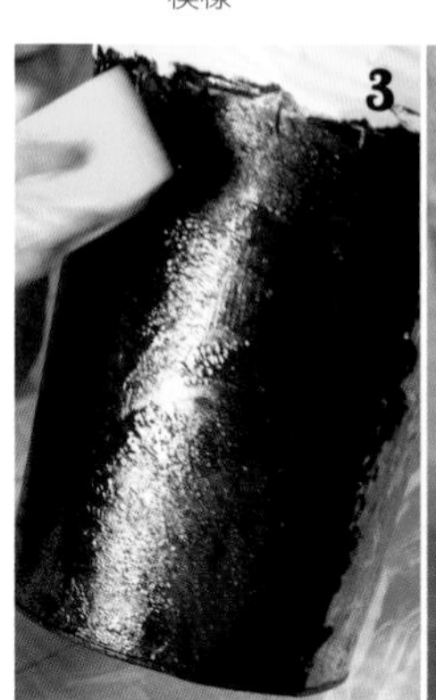

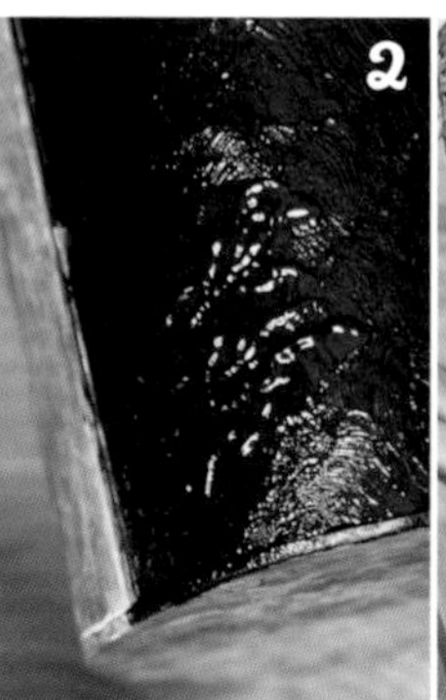

1 以排刷沾取大量的「Cast Iron」，在桶身上拍打般上色。**2** 排刷再次沾取「Cast Iron」疊擦上色。**3**以海綿沾取「Rusty Iron」隨意輕拍上色，作出鏽蝕的模樣。

看起來廉價的百圓商品
也能藉由塗漆改變質感！
令人驚訝的仿真外觀
能夠大方陳設於家中任何地方

瀧本真奈美小姐

Pick Up

Turner牛奶顏料 Plaster Medium

White

塗刷後立即擁有灰泥質感！

宛如牛奶瓶的包裝非常可愛！
1 塗料中含有細緻的中空顆粒（Ceramic balloon），能夠呈現灰泥般的光滑質感。*2* 薄塗可作出粗糙觸感，若是以刮板平行延展厚塗，則會呈現濃厚奶油般的質感。

使用「Plaster Medium」將保麗龍變成水泥空心磚

在百圓商店發現這種「假空心磚」。直接當作室內擺設，有點難以運用，但只要薄薄地塗上一層可以展現灰泥質感的塗料，立即變成宛如水泥般的質地。

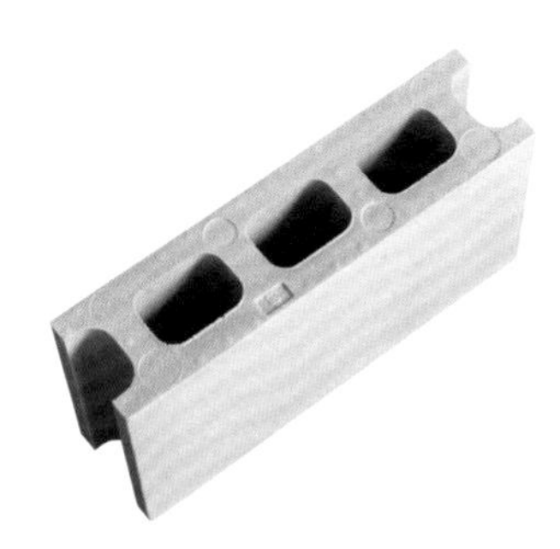

備用物品

「大創」的「保麗龍空心磚」6個、排刷、海綿、塑膠手套。

使用塗料

首先是可以提升塗料附著度的底漆「Multi Primer」、上面介紹的「Plaster Medium」、塗刷後可呈現污損舊物感的「Antique Medium」。上色則是選用「Turner牛奶顏料」的「1白雪」、「9墨色黑」兩種。

以「Turner牛奶顏料」的「1白雪」50ml，加入約3滴「Antique Medium」的比例混合後塗刷。

先在保麗龍磚塗上「Multi Primer」作為底漆，乾燥後再以排刷全面刷塗「Plaster Medium」。即使只塗一層也能擁有絕佳質感。

乾燥後，使用海綿以點按方式在空心磚的四角塗上「Antique Medium」與「9墨色黑」，演繹出古舊風情。

完美重現水泥獨特的細微凹凸感，讓人感動不已的變身。將百元商店的板材以「Antique Medium」舊化，即興組合作出置物架。

我十分熱衷於思考，如何不花錢就能打造出自己喜歡的室內風格的方法。雖然只要付錢即可買到高價的家具或雜貨，不過這樣一來，就算有再多的閒錢也不夠花。而且無法享受製作過程中的樂趣。

目前沉迷於將百圓雜貨改造成外觀全然不同的新物品。因此，絕對少不了塗漆的研究。仔細觀察原始樣本的特色，盡可能作出相近的顏色與質感，我在這部分下了很多功夫。最愛用的塗料則是「Turner牛奶顏料」的「Plaster Medium」與「Antique Medium」。特別是「Antique Medium」具有深度的色調與濃稠質地，簡單步驟就能漂亮仿造出擬真的鏽蝕感或皮革的皺摺紋路，是一款十分優秀的塗料。

塗漆可以隨個人喜好調整舊物感的程度，這點讓人開心大推。重複試作，直到完美呈現出接近原物的質感時也很有快感！因為如此，我才戒不掉塗漆。

保麗龍磚化身
幾可亂真的水泥空心磚

Before

這個樓梯一直太過清爽，感覺少了些什麼。煩惱了很久，思考是否要貼壁紙或作點什麼改造。

After

與其使用市售的壁紙，不如以手繪塗漆的方式，改造成更具個人風格的空間。因為只是將塗繪好的合板以雙面膠帶固定，所以恢復原狀也很容易！

宛如古舊磚造樓梯的踢面！

以塗漆再現那令人嚮往的歐洲古老街角氛圍。將單純作為通道的樓梯，改換成上下樓梯時不禁想注視的場所。

Turner牛奶顏料 Antique Medium

重點使用來表現鏽蝕與髒污感

1 深棕色的濃稠質地，直接作為單色使用也可以，亦適合局部作出斑駁效果。*2* 輕輕鬆鬆就能展現出老件韻味，沒有刺鼻的味道這點也讓人開心大讚！

Brown

使用仿造灰泥材質的「Plaster Medium」與展現老舊感的「Antique Medium」。著色則選擇了「Turner牛奶顏料」的「1白雪」、「11蜂蜜芥末」、「32原色麻」、「29陳年酒」4種，並且如顏料般調色後使用。

使用「Antique Medium」將合板改造成古老的磚造牆

因為顏色塗得太過清楚鮮明會無法顯出古舊質感，所以塗漆時的要訣在於以水稀釋塗料，使用海綿渲染開來。而想要表現磚塊經歷歲月洗禮後的斑剝風化感，具有灰泥質感的「Plaster Medium」在此時就可派上用場。

備用物品

長160×寬740×厚3㎜的合板8片、尺、鉛筆、畫筆、排刷、海綿、塑膠手套。

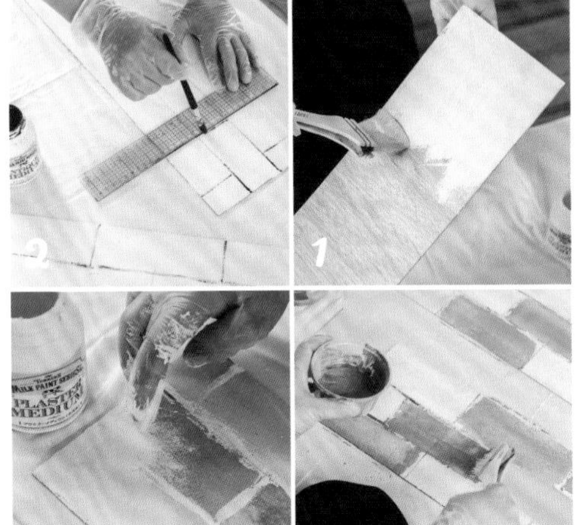

為了仿造磚塊的質感，先在整片合板刷上灰泥質感的「Plaster Medium」待乾。有沒有進行這個步驟，效果可是天差地遠。

以尺測量並決定磚塊尺寸後，用鉛筆畫出草稿線。畫筆沾取「Antique Medium」，由上至下描畫草稿線，就會形成陰影般的存在。

將事先調色備用的4種塗料與「Antique Medium」共使用5色重疊塗刷。以水稀釋後薄塗，才能表現出古舊氛圍。

整體乾燥之後，以「1白雪」描畫出磚塊間隙，再用海綿暈染開來。最後以手沾取「Plaster Medium」隨意抹擦，作出舊化感。

「Antique Medium＋1白雪」、「11蜂蜜芥末＋32原麻色」、「Antique Medium＋1白雪＋29陳年酒」、「11蜂蜜芥末＋32原色麻＋Antique Medium」，上述組合分別以1：1的比例混合後使用。

使用「Antique Medium」10分鐘即可作出古董風雜貨

運用撿拾的石頭作出藝術物件

白色是「1白雪」、淺棕色是「1白雪＋32原色麻」、灰色是「1白雪＋9墨色黑＋Antique Medium」，目測大致所需份量，混色後塗於石頭即可。

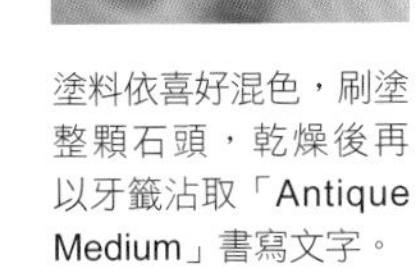

塗料依喜好混色，刷塗整顆石頭，乾燥後再以牙籤沾取「Antique Medium」書寫文字。

鋁製甜甜圈模具製作成的裝飾用桌燈

只要將鋁製甜甜圈模具塗漆作出鏽蝕感，再加上燈泡型玻璃瓶即完成。電線是刷上白色漆的人造植物藤蔓，兩者作法都是用海綿輕拍塗色而已，十分簡單。

1 戴上塑膠手套，海綿沾取「Antique Medium」，以點壓的方式在甜甜圈模具上漆。*2* 以「9墨色黑」作出髒污效果。

運用「Multi Primer」變身鐵製風格盤的納豆塑膠盒

平常開封後隨即丟棄的納豆塑膠盒，只要刷塗「Multi Primer」作為底漆，也能上漆改造。灰色塗料與「Antique Medium」雙管齊下，輕鬆表現舊鐵製品氛圍。

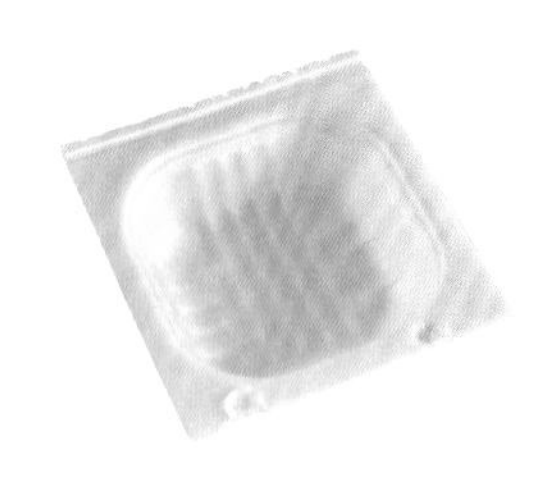

備用物品

清洗晾乾的納豆塑膠盒1個、剪刀、排刷、淺盤、畫筆、海綿、塑膠手套。

After

乍看之下，會以為是鐵製小盤吧？即使與真的老件放在一起也毫不遜色。

清洗晾乾的納豆塑膠盒剪去四邊尖角，成為像是烘烤點心的模具！

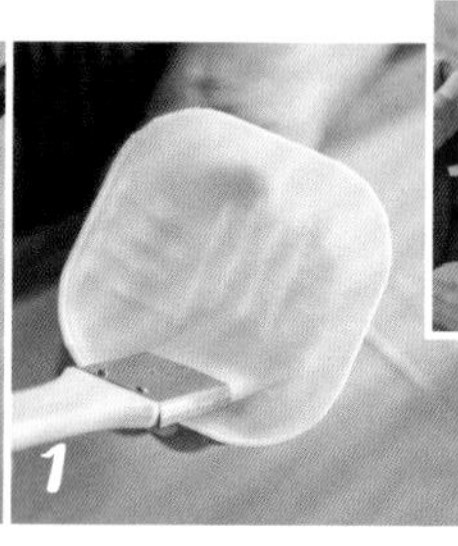

1 以排刷沾取「Multi Primer」塗刷盒子整體。表面凹凸紋路的溝槽也要確實塗覆。

2 在淺盤之類的空容器裡加入「1白雪」與「9墨色黑」，以1：1的比例調出灰色，用畫筆刷塗整個納豆盒上色。

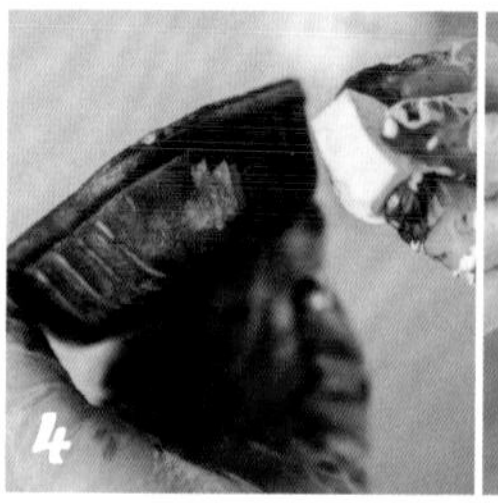

3 塗料乾透之後，以海綿沾取「Antique Medium」，隨意輕拍塗刷，作出鏽蝕模樣。**4** 以同樣方式少量疊塗「1白雪」與「9墨色黑」。

Turner牛奶顏料 Multi Primer

Clear

提升塗裝面的附著度！

1 塗料較難附著的金屬、玻璃或塑膠等材質，只要事先刷上這款塗劑作為底漆使用，就能使後續上色的塗料牢牢附著。**2** 顏色為乳白色，乾燥之後會變透明。與以往使用的噴霧式底漆相比，比較不會飛濺得到處都是。

使用塗料

使用上方介紹的「Multi Primer」，與p.49介紹的「Antique Medium」。上色則是使用「Turner牛奶顏料」的「1白雪」與「9墨色黑」2種。

附鎖存錢筒上面原本有一個投錢的開口，以白膠將提把的D形環固定在上方，總共才花費130日圓！

將百元商店的馬口鐵箱作成古董風皮箱

色彩繽紛的馬口鐵小箱，也能在層疊厚塗「Antique Medium」之後變成古舊的皮革風收納箱！要訣是作出皮革皺摺感的厚塗方式，以及白色塗料的斑駁效果。

備用物品

附鎖與鑰匙的馬口鐵存錢筒、作為提把的D形環、白膠、排刷、海綿、塑膠手套。

以「Antique Medium」呈現皮革的硬挺質感。上色則是「Turner牛奶顏料」的「1白雪」、「30香草奶油」、「9墨色黑」3種顏色各少許。

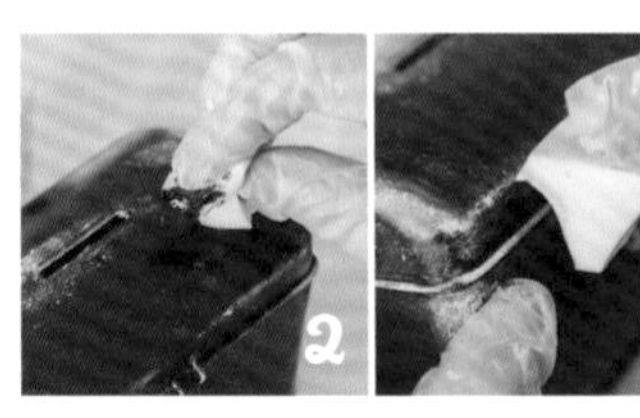

刷塗作為底漆的「Multi Primer」，再以等比例混合的「Antique Medium」與「1白雪」塗於邊角部分。

以海綿沾取「香草奶油」，在想要強調光澤感之處按壓上色。若是覺得太過明亮，可再用「墨色黑」調整。

成為牛奶白玻璃燈罩的塑膠花盆

一見到這款花盆，就覺得很像荷葉邊造型的古董玻璃燈罩！於是立刻購入。僅用「Turner牛奶顏料」即可完成令人超滿意的光滑質感。

備用物品

開口部分為荷葉邊型的塑膠製花盆、排刷、燈泡型玻璃瓶、鐵絲、錐子、釣魚線、塑膠手套。

底漆「Multi Primer」與增添光澤感的「Top Coat Clear」。上色則是用「Turner牛奶顏料」的「1白雪」。

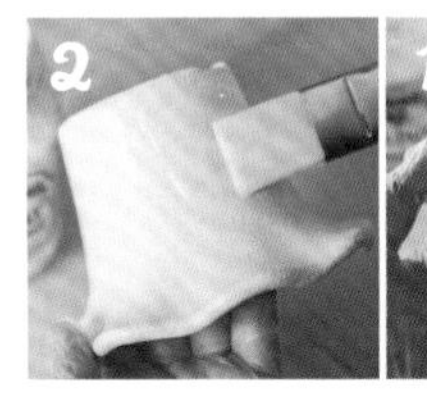
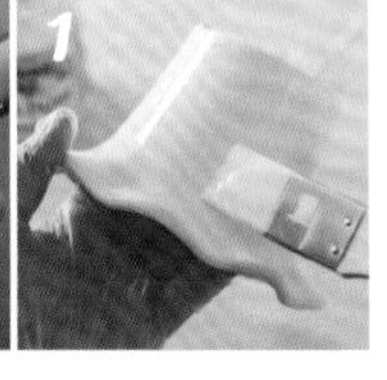

以「Multi Primer」打底待乾，再以排刷塗「1白雪」。為了創造出接近牛奶白玻璃的質感，從上方重複塗刷5層。

待塗料充分乾燥之後，用排刷漆上「Top Coat Clear」作出光澤。將燈泡型玻璃瓶以鐵絲固定在花盆內即完成。

以錐子在花盆底部中央開孔，穿入釣魚線後吊掛於天花板，看起來就像真的燈飾。多作幾個並排擺設也很可愛！

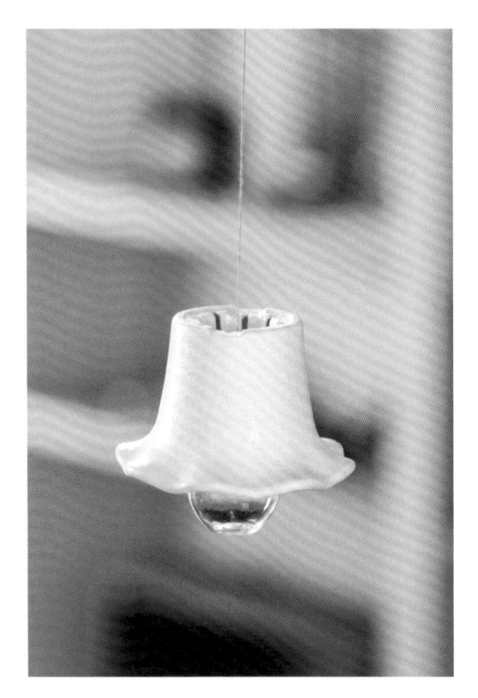

＼ 多采多姿的應用樂趣！ ／

以黑板漆打造自家引以為傲的特色區域

黑板漆可說是打造布魯克林風格的好幫手。
特地在此向三位室內布置達人請教時尚的運用技巧。

什麼是黑板漆？

只要加水混合塗刷，上漆的部分就會變成黑板的塗料。擁有豐富的顏色。圖為「Imagine Chalkboard Paint」。

Kitchen

取代便條紙功能 當作家人之間交流訊息的傳達工具也很有趣！

將整個冰箱塗上黑板漆 寫上採買物品的備忘清單

將過於刺眼的亮面冰箱來個變身大改造。黑板漆：白色塗料：藍色塗料，以8：1：1的比例混合後塗刷於冰箱上。亦可記錄庫存食材。（對比地悟子小姐）

將磁磚改作黑板 重新打造成一個自助空間

右・想讓放置許多復古且色彩繽紛的廚房，在視覺上較為內斂，所以把磁磚改造成黑板。左・黑板漆即使塗刷於磁磚上也能牢牢附著。（寺西惠小姐）

Living

在收納或陳列展示區 應用黑板元素 能夠有效提升空間的 聚焦效果

整面牆壁皆塗上黑板漆 實現凸顯綠色植物的室內風格

將寫有元素符號與化學方程式的黑板作為背景，搭配人造植物。黑色、綠色與白色文字的對比，創造出一個令人印象深刻的空間。（末永沙織小姐）

加上皮革置物袋 活用收納空間

右·消除雜貨擺飾中夾雜日用品的生活感。左·在粉刷黑板漆的合板，釘上一張裁成口袋造型並刷上模板文字的皮革，作為遙控器收納袋。（根來知穗美小姐）

將五斗櫃的抽屜 分別塗上不同顏色 營造色彩繽紛的風格

上·收納遙控器與眼鏡等小物的抽屜櫃，刷上黑板漆加以改造。分別以4種粉彩色系塗刷。只要使用與家具顏色同樣的色調，就能自然地融入其中而不顯突兀。下·約等待3天讓塗料完全乾燥再書寫，粉筆的字跡會比較漂亮喔！（對比地小姐）

Section 03

以塗漆創造出古董之趣

那些令人心神嚮往的古董物件，
或深具歲月感的老件擺飾品，
往往因為價格昂貴讓人難以下手而放棄購買。
以前若要作出類似的古董物品，
需要技術高超的舊化加工，
然而如今無須這些技巧也能完成！
只要使用特定塗料再加上一點小祕訣，
任何人都能重現古物般深沉的韻味與氣息。
即使是百圓商店的空瓶罐，也能簡單變身為老件風格喔！

100
200
300
400
500
600

Case 1

村田惠津子小姐

以紐約老牌咖啡館的廚房為設計發想
將天花板以外的部分全都塗漆改造！
最後在磁磚上手繪插畫即完成
如今身處廚房已成為開心樂事

我家廚房是已有20年的老舊空間，而且既狹窄又陰暗……身處其中真的是三重苦。基本上，我嚮往的是紐約咖啡館裡會有的那種有型廚房，所以想挑戰美式風格的大膽用色。於是決定先將磁磚牆面塗刷成亮色系。

使用一般牆面用的水性漆來塗刷磁磚，容易造成剝落的情況，所以改用具有高硬度、耐磨耗塗膜的「VIVI VAN」地板用塗料。只是使用滾筒刷塗刷兩層，就連原有的髒污都完美遮蓋，真是幫了大忙。抽油煙機與洗碗機的門板則是疊塗優雅的銀色塗料「Glitter」，再作出像是長期使用後的刮痕。最後的修飾，是在磁磚牆畫上瓶子與玻璃杯的插畫，營造出宛如店面的氛圍！

塗漆可以輕鬆俐落地改變裝潢風格，若一有想法就動手開始塗，完成只是一瞬間的事。粉刷油漆實在是一件令人快樂的事，未來也將不停手地刷下去！

加入閃亮粒子，質地略為濃稠的水性塗料。以排刷少量沾取逐次塗刷，是完成漂亮作品的重點。顏色選用了優雅且帶有美麗光澤的「GS-01 Silver Spoon」。

宛如鋼鐵製品的洗碗機門片

Before

原本黑色的洗碗機門片。為了增添舊物感，所以跟抽油煙機一樣，刷塗「Glitter」來個大變身！

抽油煙機改造成帶有摩損痕跡的不鏽鋼質感

Before

將原本棕色的抽油煙機，改造經歷長久使用般的不鏽鋼樣式。以排刷沾取「Glitter」，層疊刷出斑駁不均的效果。

使用Graffiti Paint Floor

把年久失修的地磚也加以粉刷裝飾。這款地板用塗料也適用防撞地墊之類的材質。使用顏色為「GFF-30 Cacao Bean」、「GFF-27 Dolphin Dream」、「GFF-35 Black Beetle」。

宛如大理石的地板上漆方式

Before

原本是陶瓦片風格的地板。先刷上地板用的「Primer」作為底漆，再疊塗3種色漆，立即成為具有黑色光澤的大理石質感。

使用Graffiti Paint Floor

雖然是地板用漆，但因為附著力高，所以很推薦作為磁磚塗料。味道不重，不過在狹小空間塗刷時，還是建議開啟抽風機加強通風。使用顏色是「GFF-17 Melon Flavor」。

將磁磚改造成復古氛圍

Before

原本是黑、灰兩種色調，現在已粉刷成帶有懷舊復古感的色彩。連磁磚間隙也一併粉刷，讓空間更顯寬廣。

磁磚牆面先刷塗地板用「Primer」作為底漆，再上色。紅色垃圾桶也是塗漆改造而成。

Before

20年前結婚時毫不遲疑就購入的餐具櫃與冰箱。與理想風格的「NY咖啡館」相去甚遠的家具家電。

1

1 兩者皆為大型家具，所以選色相當重要。決定冰箱顏色之後，餐具櫃就選擇沉穩的灰色。
2 僅有6坪的廚房。統一色調之後，看起來也會比較開闊。

2

將大型家具或家電一併粉刷
成為韻味十足的美麗焦點
改造要訣在於以砂紙稍微磨去塗料
使其呈現出斑駁剝落的樣貌

改造廚房的磁磚與抽油煙機後，對於至今尚未著手的餐具櫃與冰箱開始感到不滿。父母親買給我的這個餐具櫃雖然漂亮，卻毫無特色。結婚當時購買的冰箱也是常見的外型與顏色。這些家具、家電與改裝後的美式風格廚房可說是一點也不搭調……

於是，將十分具有嫁妝風格的棕色餐具櫃刷成灰色，再以砂紙磨出舊化感。冰箱則選擇了近似深紅的色彩。這種紅色稱為「鐵橋紅」，是我非常喜歡的顏色。

我家的老舊廚房在粉刷一新之後，整體洋溢著一股帥氣有型的氛圍，一瞬間真的令我激動不已。現在光是打開冰箱或拿取餐具都會開心得哼起歌。接下來則是計畫將吊櫃內部也塗漆上色。

使用Graffiti Paint Floor

可以直接在合板與PVC壁紙上刷塗的漆料。這次先刷上地板用的「Primer」作為底漆，提升塗料的附著力。使用顏色是「GFF-27 Dolphin Dream」。

將老舊的餐具櫃粉刷成灰色並且添上經久使用的氣息

待塗料半乾，以100號的砂紙摩擦顯露出底層的棕色，營造出歷經歲月的斑駁之美。重點在於以邊角為中心作出剝落效果，注意不要磨過頭。

使用Graffiti Paint Wall & Others

不需刷塗底漆。塗刷2次即可呈現美麗效果的好用塗料。冰箱使用色為「GFW-29 Bear Family」。

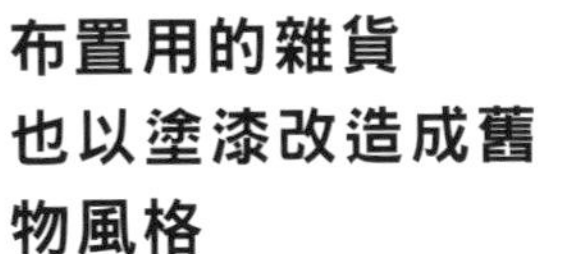

近似深紅色彩的冰箱展現鏽蝕鐵橋般的懷舊復古感！

以紙膠帶貼住冰箱膠條，僅邊緣部分使用排刷上漆。整體則以滾筒塗刷2次。看起來較深的地方是以稀釋後的黑色塗擦，刻意作出斑駁髒污的感覺。

1

2

布置用的雜貨也以塗漆改造成舊物風格

1 看起來就像是鐵製品吧！其實這件掛飾原本的材質是木頭，塗上「Glitter」加以改造。*2* 格紋壁飾則是使用模板與木板製作而成。

將廉價素材塗漆成為舊工具風

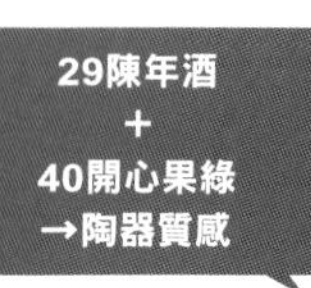

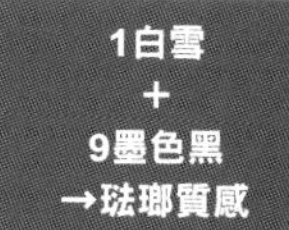

將塑膠尖嘴澆水壺改造出3種不同質感

百圓店裡搶眼的亮橘色尖嘴澆水壺，僅以塗漆方式就能改造成時髦雜貨。最後再以黑色、棕色加上一點髒污效果，看起來會更加以假亂真。

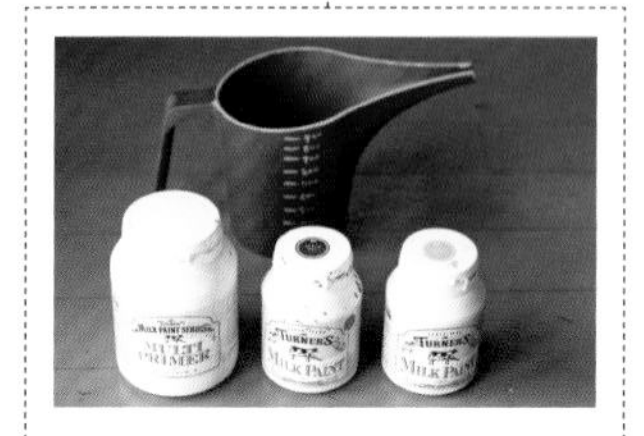

「Turner牛奶顏料」的底漆「Multi Primer」、色漆「29陳年酒」、「40開心果綠」。以及排刷、細畫筆、100號砂紙。

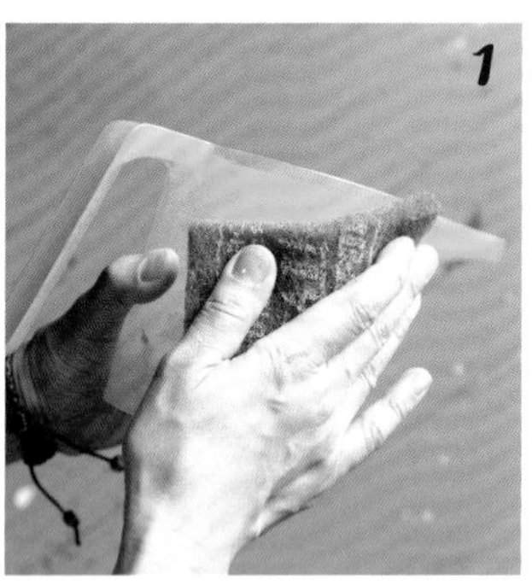

以砂紙磨擦澆水壺內、外側表面，將全體磨出細微刮痕，為了提升塗料的附著力，必須仔細進行。

以排刷沾取「Multi Primer」，在內、外側表面一處不漏的刷塗底漆。使用吹風機依熱風→冷風的順序吹乾。

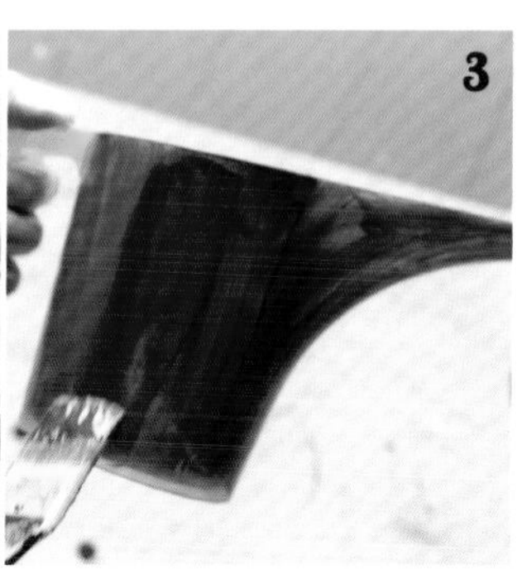

以排刷塗上「陳年酒」。依內側→外側的順序來塗刷，比較不會弄髒雙手。完成後須等待塗料充分乾燥。

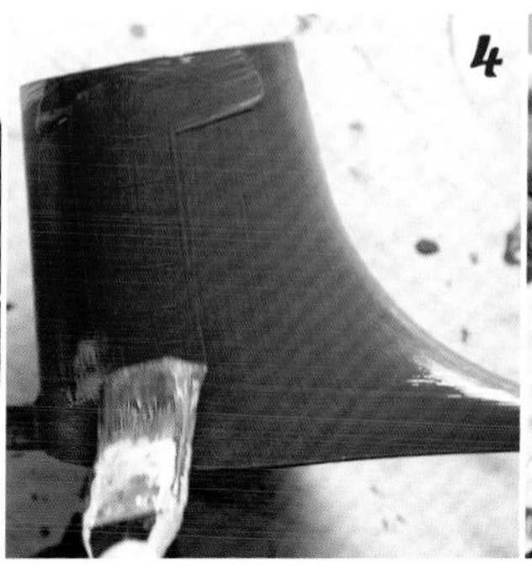

刷塗第2層。無須在意刷痕或塗刷不均，留下筆觸反而很有味道。底部也不要忘記塗刷。

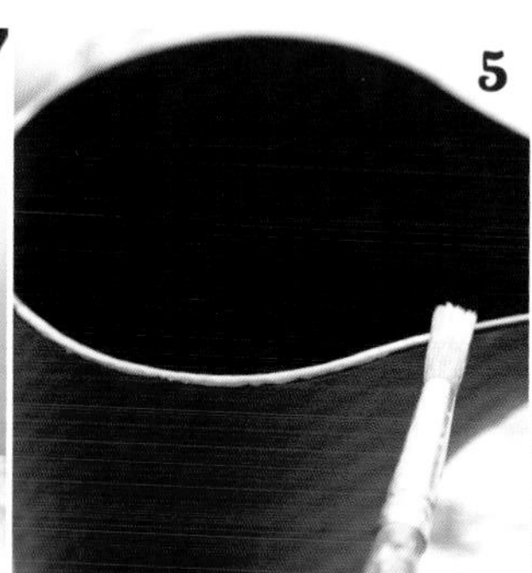

乾透之後以細畫筆沾取「開心果綠」，沿澆水壺邊緣刷出一條細線。只要輕點塗料再塗開即可，作法相當簡單。

使用細筆畫上刻度即完成。也可以隨意畫上喜愛的插圖，或是以模板加上裝飾圖文。

看似金屬舊物的
壁掛時鐘

原本純黑的時鐘，藉由上漆變成宛如工廠裡使用的金屬掛鐘。油漆與壓克力顏料並用，能夠展現出層次更加豐富的色澤。

玻璃瓶化身具有復古之趣的陶製花瓶

盡量挑選外表平滑無紋路的飲料或調味料空瓶，刷塗2層塗料後，即可擁有如同陶器般厚實的外觀。添上手寫的標籤或文字，就是別處買不到的原創作品。

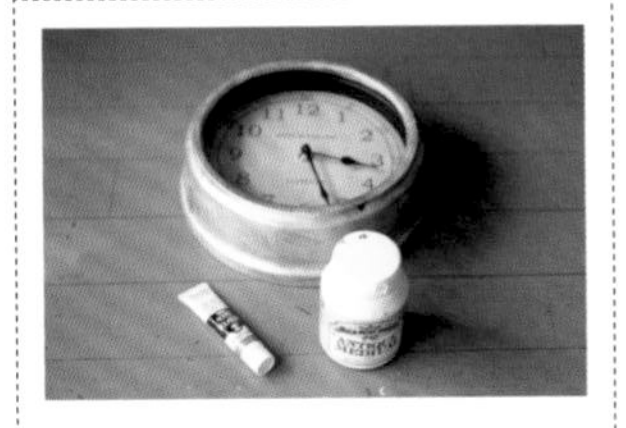

使用「Turner色彩」壓克力顏料的「72-B古銀」刷塗整個外框。乾燥後再用畫筆沾取「Turner牛奶顏料」的「Antique Medium」，以平筆塗擦的方式增添歲月感。

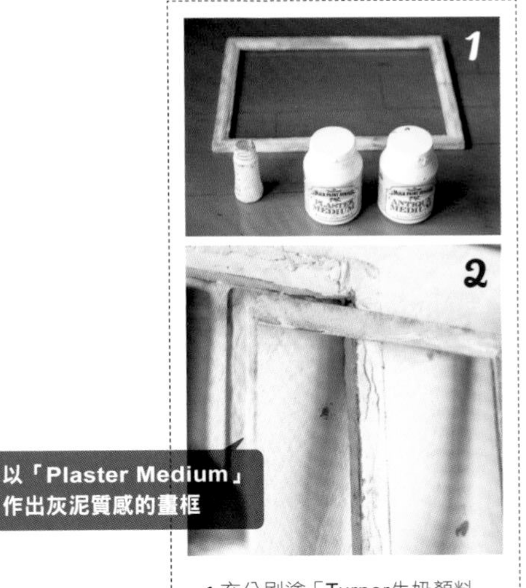

以「Plaster Medium」作出灰泥質感的畫框

1 充分刷塗「Turner牛奶顏料」的「Plaster Medium」，之後僅用「29陳年酒」作出髒汙處即可。*2* 可以完成彷如灰泥的鏝刀抹痕。

準備好的玻璃瓶全都先刷塗「Multi Primer」，接著再用「Turner牛奶顏料」的「29陳年酒」塗刷2層。最後的裝飾則用「40開心果綠」畫上標籤，或以「9墨色黑」加上手繪圖案與文字。

Case 2

末永 京小姐

因為經常接觸而髒汙的壁紙與電源開關
帶有刮痕的樓梯扶手與門扉——
只要運用塗漆改造成舊物風格
隱約顯露的髒汙與刮痕也能很有韻味！

我家是直接向建商購買的新成屋住宅，購入至今已過了7年。家中還有3個小孩，因此樓梯扶手與牆壁、電源開關等處，早就因為經常觸摸而變黑。於是，我想以最愛的塗漆讓這些地方變得時尚。

改造目標是「催眠的童話故事之梯」。對於夜晚時大喊著「還不想睡！」的小朋友，就能善用這個樓梯引誘他們前往2樓臥房。棕色的樓梯塗成米白色，有著明顯髒污的牆壁則塗刷了兩種淡色系的彩色灰泥，營造出柔和印象。

時常碰觸的樓梯扶手與電源開關蓋，則是大膽地刷上具有金屬質感的古銅色。如此一來，即使塗料剝落或刮傷，反而會增添古舊感的韻味。

花了一週時間改造的樓梯，讓小朋友們滿臉笑容的上樓下樓。看著如此情景，我也不禁開心起來。當然也必須感謝負責協助高處改造作業的丈夫。

粉刷前為棕色合板的樓梯踏面與踢面，刷塗「Graffiti Paint Floor」的「GFF-32 Moon Rabbit」之後，一改以往的風格印象。原本髒汙變黑的電源開關與單調無趣的廁所門板，也因為塗漆而煥然一新。

Before

這些全部
都靠塗漆改造變身

1 略帶髒污的門把，經過改造完全變身為黃銅風。重點在於金色的運用 **2** 塑膠花盆隨意塗上「Metallic Paint」的銀色塗料，作出刮痕與髒污模樣。 **3** 在壁紙上刷塗2種顏色的灰泥，營造出溫馨氛圍。 **4** 塑膠扶手在上漆之後，看起來就像金屬材質。

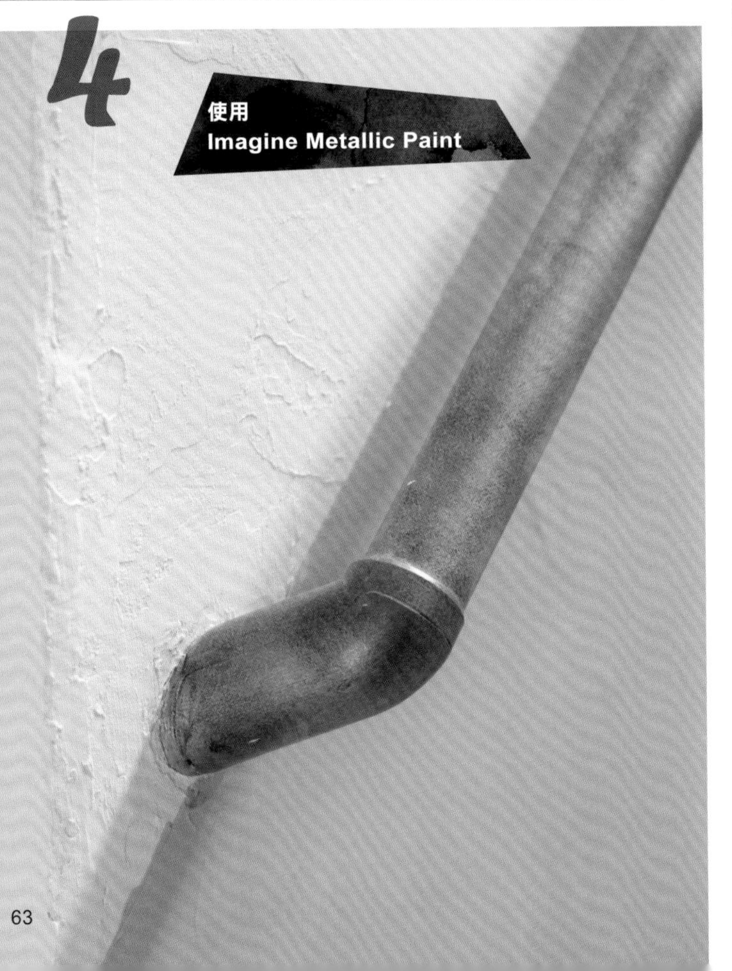

樓梯是由上往下塗刷，底漆塗刷2層，再上1層表面漆。廁所門板則是選擇了略顯低調的杏色，以此平衡空間色彩。

使用「Hatte Me Paintable」隨時都能張貼撕除放心刷

雖然門板直接上漆也可以，不過因為已經預定日後會重新塗刷改色，所以還是貼上「Hatte Me Paintable」。這樣不管重複塗刷幾次，門板也不會因為多次粉刷而顯得厚重。

貼上「Hatte Me Paintable」（參照p.42），再塗刷「Imagine Wall Paint British Vintage Colors」的「137 Smith and Stone」。

Smith and Stone

宛如令人湧起懷舊心緒的復古住宅 選用帶有溫暖感的色彩 打造出沉靜祥和的空間 家中的每個人似乎都很開心！

在壁紙屋本舖購得的成套組合工具

粉刷時所用的工具，順手與否相當重要。這款馬口鐵粉刷工具組合，包含了不易鏽蝕的附網馬口鐵提籃、方便塗漆的滾筒刷、排刷、施工用遮蔽膠膜、紙膠帶。收到立刻就能開始進行塗刷作業。

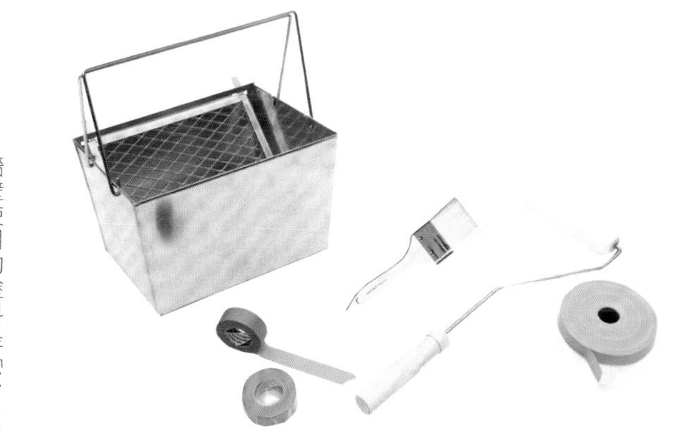

牆壁使用的塗料是「Vegeta Wall」的彩色灰泥。本身是調製完畢的產品，所以開箱就能直接動工刷塗於壁紙牆，無可比擬的可愛粉彩色系也正中我的喜好！只上單一顏色的樓梯牆面，會更加突顯細長空間的印象而增加壓迫感。因此選用「白蘆筍」與「茄子」2種顏色，打造出具有層次的開闊感。

連接廁所這邊的牆面也一樣塗刷成2色。門板則是重新粉刷成時尚的杏色。託改造之福，整個樓梯間洋溢著一股暖意，再也不像以往是一處陰暗的角落。

在灰泥乾透之前，我特地立了一個寫有「禁止進入」的告示板，小朋友們看到都大笑不已，這也是改造過程中的愉快回憶。變得明亮的樓梯間成為了一個舒適的空間，小朋友都會坐在這裡閱讀繪本。家人們如此滿意，讓我的努力也有了回報。

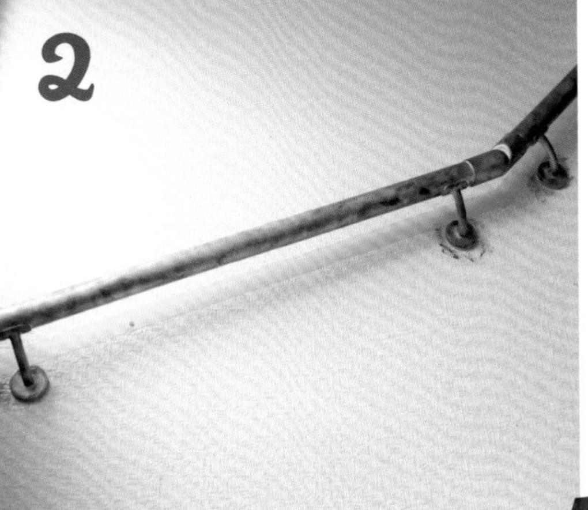

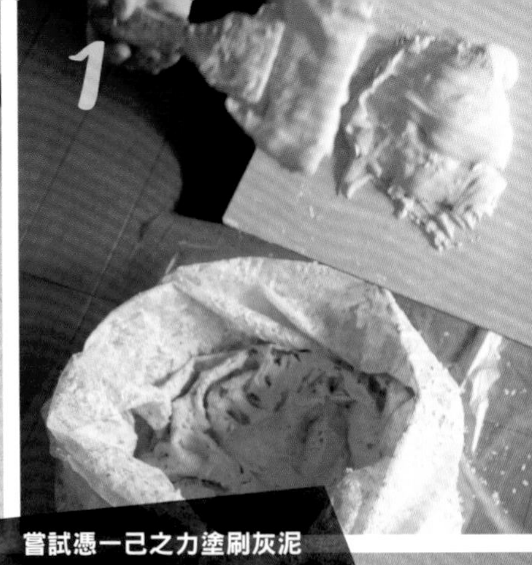

1 挖取灰泥放在泥作板上。2 因為要分色塗刷，於是事先以樓梯扶手為準，貼上紙膠帶。3 沿樓梯貼上遮蔽膠膜，作好踏板的防汙。4 刮起泥作板上的灰泥，由牆面下方往上塗抹。5 使用具有彈力的鏝刀，作出隨意塗抹的痕跡。6 等待1天的乾燥時間，在塗好白色灰泥上半牆面，沿分界線貼上紙膠帶，接著在下半牆塗上紫茄色。趁半乾狀態時撕下紙膠帶。

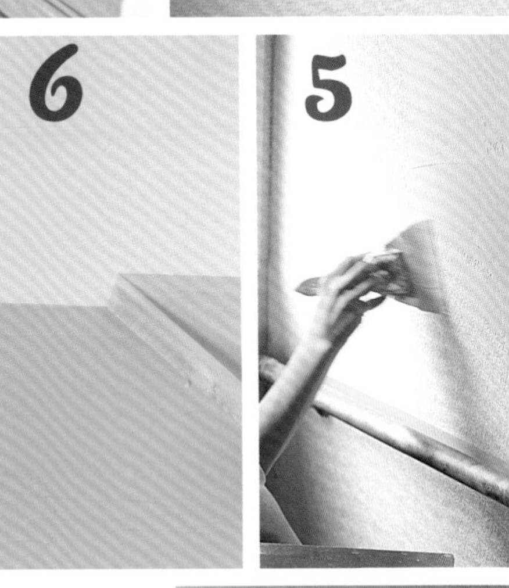

鏝刀痕跡讓重新改裝的牆面展現自然風貌。紫茄色灰泥在剛塗抹完時色澤較深，乾燥之後即會變成淡紫色。

Pick Up

Vegeta Wall

可愛的粉彩色系 便利的已調和灰泥

調整濕度、防霉、消臭等效果都令人期待，來自壁紙屋本舖的彩色灰泥。以蔬菜為發想的9種顏色，在此使用的是淺米白的「白蘆筍」以及淡紫色的「茄子」。

漂亮塗刷灰泥的方式

1 地板覆上遮蔽膠膜 天花板則沿線貼上紙膠帶

避免灰泥滴落弄髒地板，事先貼上遮蔽膠膜作好防護，至於分色刷塗邊緣、天花板、窗緣等處，則是貼覆紙膠帶作為防護。

2 以鏝刀往前推壓 將泥作板上的灰泥推至壁面

以鏝刀底部刮取部分灰泥，往前按壓於牆面再順勢推開塗布。直接將泥作板貼近牆面來操作，灰泥比較不容易滴落。

3 從牆壁上方往下 塗刷出2～3㎜的厚度

從牆壁上方開始往下進行塗抹作業，最佳厚度約2至3㎜。分別使用抹刀與鏝刀，就能創造出樣貌豐富的牆面。

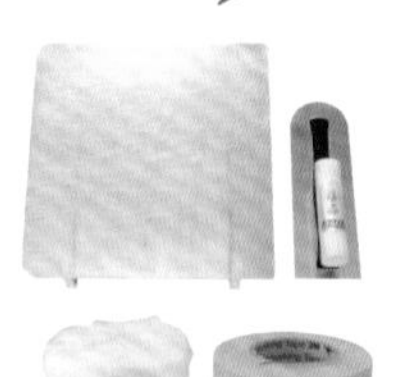

盛放灰泥的泥作板、塗抹灰泥時的鏝刀、防止髒污的施工用遮蔽膠膜與紙膠帶是必需品。其他還有舀取灰泥的工具、方便塗抹轉角的內角、外角抹刀等，如果有這些工具，作業時會更順手。

改造成仿舊風格的塑膠花盆

將淡棕色的塑膠花盆改造成經久使用般的素燒花盆模樣。藉由塗擦「Imagine Metallic Paint」的「博士的銀框眼鏡」，作出帶有古舊氛圍的金屬質感。

備用物品

塑膠材質的淡棕色花盆、排刷、海綿。因為會在花盆整體塗覆上漆，所以任何顏色皆可。

使用塗料

「Imagine Wall Paint」的「37 非洲大地」、「Imagine Metallic Paint」的「博士的銀框眼鏡」、「Imagine Aging Liquid」。

The earth in Africa

先刷上作為底色的「非洲大地」，再塗擦「博士的銀框眼鏡」作出斑駁感，最後隨意塗抹「Imagine Aging Liquid」。

Imagine Metallic Paint

一刷上就能立即展現金屬光澤

塗刷之後能夠立即展現金屬質感的水性塗料。若是與「Imagine Aging Liquid」（參照p.67）搭配使用，即可打造出如同金屬舊件的作品。備有金、銀、銅3種顏色。適用於木頭或砂漿等材質。

如同黃銅老件的電源開關

因為經常接觸造成淡淡髒污痕跡的塑膠開關面板。整體塗上金色之後，再刷上一層「Antique Liquid」，即可展現有如古董之趣的黃銅質感。

備用物品

先將面板取下，塗刷電源開關時必須用紙膠帶貼住周邊。如此就能防止超出塗刷範圍！

使用塗料

使用能加強塗料附著力的底漆「Mityakuron」、「Imagine Metallic Paint」的「ME-F1A 國王的金色皇冠」、單次塗刷即能呈現出古舊韻味的「Imagine Aging Liquid」。

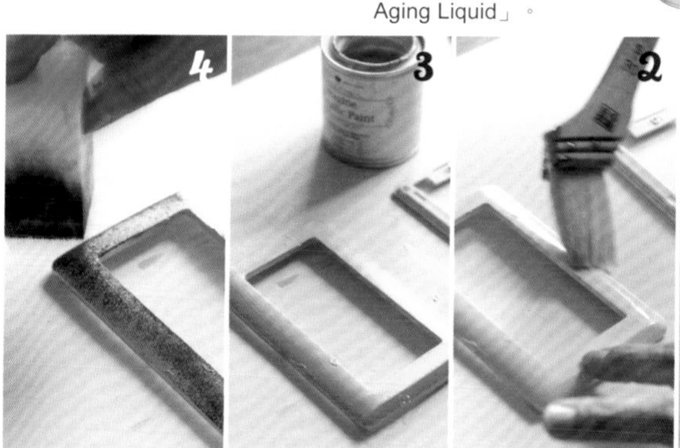

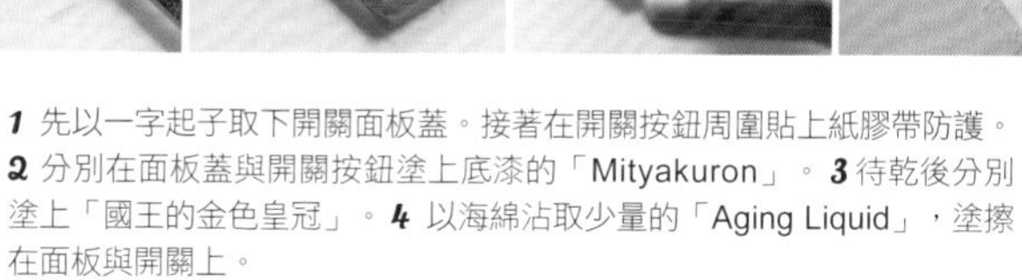

1 先以一字起子取下開關面板蓋。接著在開關按鈕周圍貼上紙膠帶防護。**2** 分別在面板蓋與開關按鈕塗上底漆的「Mityakuron」。**3** 待乾後分別塗上「國王的金色皇冠」。**4** 以海綿沾取少量的「Aging Liquid」，塗擦在面板與開關上。

刷上對比強烈的色彩
成為室內裝潢的視覺重點

只是在相框整體刷塗2層「Imagine Wall Paint」的「42成熟的樹果」。非常喜歡這樣帶有深度的紅色。

原本白色的小型木相框，重新塗刷改色，作為白色樓梯的反差對比。

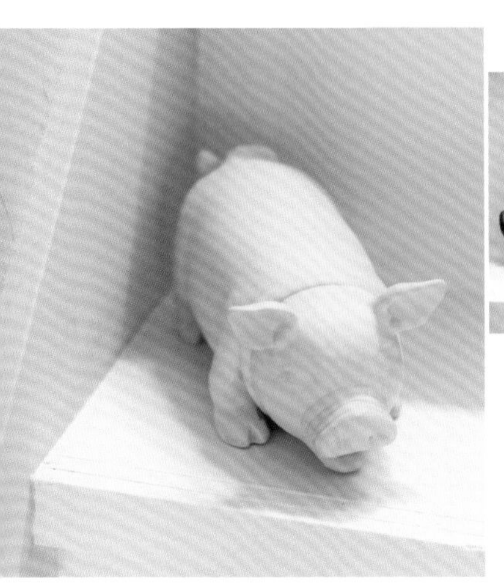

整體塗上2層「Imagine Wall Paint」的「33月光」。普普風色彩，看起來可愛得令人心動。可以確實感受到顏色的力量！

漆黑到令人看不清表情的小豬擺飾。重新刷上明亮色彩之後會如何呢？

先塗上底漆「Mityakuron」，乾燥之後塗刷2層「Imagine Wall Paint」的「54甜蜜煉乳」，就能完成如此時尚的花器！

每個家庭裡都會有1、2個這樣的空瓶。不需挑選樣式形狀，依個人喜好準備即可。

Imagine Aging Liquid

以點拍方式塗布 表現舊物氛圍

只需塗刷即可展現古舊印象的水性塗料。稍微用布擦去海綿上沾取的塗料，在想要作出舊化效果之處輕拍上色。木頭材質可橫向塗擦，創造出斑駁的擦痕。

讓塑膠花盆呈現出 金屬鏽蝕感

平淡無奇的黑色塑膠花盆。僅在上緣塗刷一圈Aging Paint，立即呈現出金屬的鏽蝕感。就算只是局部塗刷，也能讓花盆擁有全然不同的樣貌，非常有趣。

備用物品

塑膠材質的花盆、紙膠帶、排刷、海綿。以平筆或圓筆等易於使用的畫筆代替排刷也OK。

使用塗料

使用「Imagine Wall Paint」的明亮黃色「33月光」與「Imagine Aging Liquid」2種塗料。因為塗刷範圍小，選購了適合小物的500ml容量。

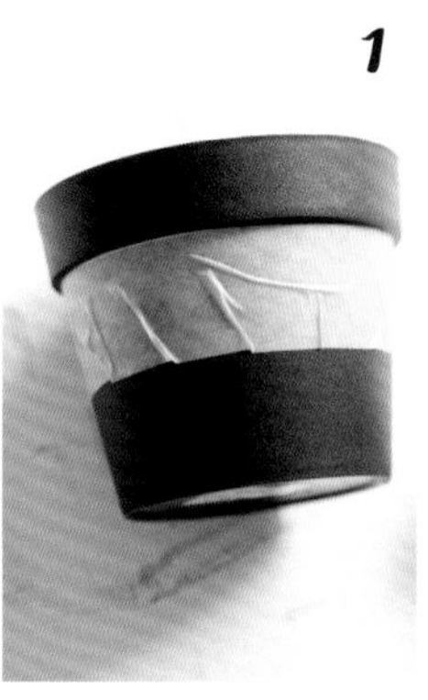

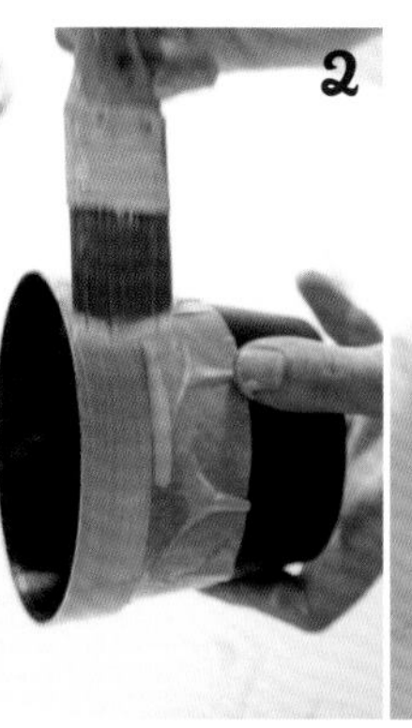

1 如圖示在下緣貼上一圈紙膠帶，防止塗料溢出。**2** 在花盆上緣塗上2層「月光」。**3** 待步驟 **2** 乾燥之後，再以海綿沾取少量「Imagine Aging Liquid」，由上而下輕輕拍打塗布。

原本黑色調的陽剛風格廚房
全面改裝成彷如
褪色老舊木材般的斑駁白色
成功展現古典風情的塗料功不可沒！

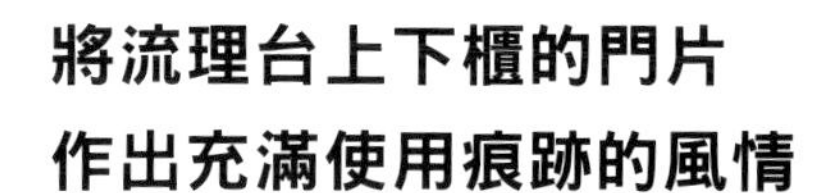

為餐具櫃門片平添灰泥質感

使用讓物體表面具有凹凸質感的塗料，完成彷如老家具般的效果。同時還加上因長年觸摸而造成的髒污感。

Before

餐具櫃原先是貼上舊木紋壁紙改造而成。搭配黑色調的流理台，帶來暗沉的整體印象。

將流理台上下櫃的門片作出充滿使用痕跡的風情

以塗料展現出像是經過日曬雨淋般的褪色效果，將門片都加以舊化改裝。

Before

原先的流理台，以寬幅的黑色紙膠帶貼覆，搭配英文字母貼紙，打造出有型的個性空間。

巧妙改變質感的重點
在於排刷的使用方式

使用塗料

想以白色作為整體主色，因此使用「Turner牛奶顏料」的「30香草奶油」與「1白雪」。

1 依照塗料質地與成品呈現印象的不同，改換工具與塗刷方式。***2*** 使用布巾以隨意塗擦的方式塗上「Antique Wax」作為底漆。***3***「Turner牛奶顏料」的「30香草奶油」很適合用於打造帶有暖意的舊化效果。接著使用較寬的排刷，以點拍方式全面刷塗「Antique Medium」。***4*** 以畫筆沾取少量的「Antique Medium」，在表面輕輕拂過，作出散發老舊氣息的木板效果。

開始粉刷改造的契機，是受到擅於製作古董風雜貨的部落客影響。看到百圓商店的廉價商品，只是塗蠟就立刻變成美麗小物，令我相當激動！於是也嘗試著親自動手了。將改造過的罐子與塗漆後的相框作為擺飾，隨即改變了居家空間的氛圍，令人非常開心。因為也想順便加工陳列擺飾品的背景，結果就是整個家全都DIY粉刷了一遍。其中也包括個人很喜歡的，原本帥氣有型的陽剛調風格廚房。

反正也看膩了如此男子氣概的裝潢風格……於是，我打算以白色與棕色為主調，改裝出嚮往已久的海岸風咖啡館廚房。那時剛好找到「Turner牛奶顏料」的「Medium Series」。僅需塗刷就能改變質感，作出宛如漂流木的紋理之類，簡單就能改變外觀實在令人開心不已。一口氣將流理台上下櫃門片、廚房木板牆、冰箱、餐具櫃全都粉刷一遍後，整個廚房都明亮起來了！

將鐵製雜貨
與空瓶罐
作出古典氛圍！

雜貨小物也塗成與牆面顏色融合的白色或奶油色，並且加以舊化。成品與p.68流理台上下櫃門片一起改造的褪色木牆也非常搭調。

身邊原有的雜貨＆小物亦塗刷成白色
使用僅需上漆即可表現舊化感的塗料組合

Turner牛奶顏料
Antique Medium

可以作出長年日曬褪色、髒污浸染的塗料。大多作為底漆或最後修飾，藉以展現出舊化感，用途非常廣泛。圖左．質地濃稠的深棕色。

Before

原本是乏味的PVC壁紙牆面，加上刷塗了深棕色塗料的半腰壁板。

先塗上「Plaster Medium」作出灰泥質感，再塗刷一層「30香草奶油」。最後用「Antique Medium」修飾，表現經久拿取造成的髒污感。

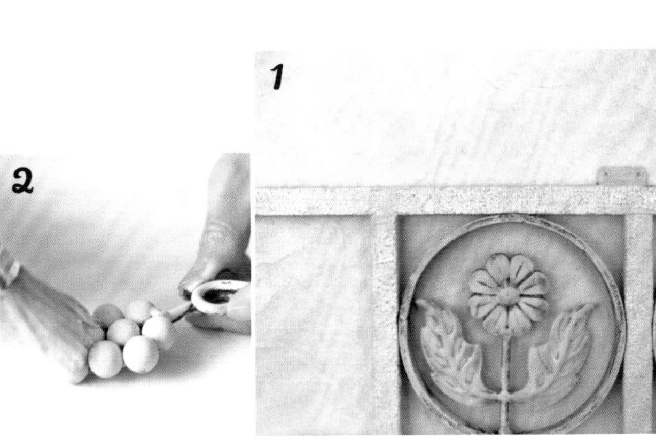

1 塗上「Turner牛奶顏料」的「1白雪」之後，再薄薄地疊上一層「Antique Medium」，立刻宛如古董老件。**2** 以不完全遮蓋底漆的方式，塗上「30香草奶油」。

在家飾雜貨店購得的鐵製雜貨。有著不適合陳列於白色牆面的沉重印象。

木作的邊角餘料或空瓶罐
因為塗漆與文字模板而個性十足

1 刷塗能仿造灰泥質地的「Plaster Medium」，邊角木料升格成很有韻味的雜貨。***2*** 同樣以「Plaster Medium」作出鏝刀抹痕般凹凸感的空罐。加上「Antique Medium」作出髒污感。***3*** 整個罐子經過鏽蝕加工之後，散發著老件般的時尚氛圍。

改變質感的底漆
是仿造大業的絕招級塗料

「Plaster Medium」是我進行改造作業時必備的塗料，可以完成各具韻味的立體效果。空瓶罐或副食品的瓶子也因此大變身！

「Medium Series」的魅力，在於無論是什麼物品，都能在上漆之後輕鬆完成古董風格。鐵製雜貨或木作邊角料製作而成的平盤等白漆物件，僅刷上少許「Antique Medium」就能表現出歲月感。相反的，「Dust Medium」（參照p.72）則用於棕色底的物件，作出白色污漬或刮痕。門板或半腰壁板全都因為這個作法，成功營造出歲月滄桑的顏色！

灰泥風塗料「Plaster Medium」（參照p.73）是塑造立體感紋路的萬用塗料。真正的灰泥，塗裝前的準備工作非常麻煩，不過這種塗料的作業卻非常簡單。想刷就刷的特點，最適合行動派的我。只要在塗裝方式花點巧思，即可展現各式各樣的風貌，這點也令人十分開心。僅用700日圓的合板就能改裝室內風格，正是塗漆的精髓。

單次塗刷就能改變質感的塗料，任何物品皆可改造！

天然蜜蠟製成的蠟膜塗料。味道溫和，不容易發生染色、沾黏的情況，所以使用起來相當方便順手。

適合用於作出斑駁飛白效果的「Dust Medium」。等底漆完全乾燥之後，再以排刷等工具塗刷。下・黏稠度接近灰泥的質感。

在冰箱裝飾古風木板

在合板依序塗上「Antique Wax」、「Dust Medium」、「Antique Medium」，作出淺棕色基底。雖然都是棕色，卻會根據場所不同，在顏色作出微妙差異，讓空間層次更加豐富不單調。

備用物品

影印紙、文字模板、筆、塑膠手套、合板。

使用塗料

「Antique Wax」、「Antique Medium」、「Dust Medium」、「9墨色黑」。

在板材邊角與邊緣以細筆刷上「9墨色黑」，完成近似深棕色的修飾，作出如同歷經歲月的效果。

將流理台下櫃門片塗裝成褪色的古舊質感

依照廚房流理台門片裁切的薄板材，全都塗上「Antique Wax」之後，薄塗一層「Dust Medium」創造出舊物氣息，再輕輕貼覆於原本的合板上。抽屜部分因為要安裝把手，使用了具有強度的SPF板材。

備用物品

布巾、影印紙、排刷、塑膠手套、合板、SPF板材。

使用塗料

「Turner牛奶顏料」的「Dust Medium」、「Antique Wax」。

1 以布巾沾取「Antique Wax」，在合板上均勻抹開作為底漆。質地略硬，必須加大力道塗擦，使其充分附著於板材上。

2 以湯匙舀取「Dust Medium」置於影印紙上，以排刷推開，讓多餘的塗料滴落到僅少量附著刷子上即可。

3 少量沾取逐步塗上「Dust Medium」，直到板材表面呈現淡淡白色。塗刷過量時，以手指擦掉即可。

在p.70的作業中，當作「香草奶油」的隱藏底色使用。此處則運用於展現木材略為腐朽樣貌的修飾。

將合板改造成老舊招牌

「Plaster Medium」能夠根據塗抹量或堆疊方式產生各種樣貌。塗覆瓶罐時，可充分厚塗呈現粗糙表面，同時作出鏝刀抹痕。塗布於合板或家具表面時，則是略為平塗的感覺。

備用物品

影印紙、文字模板、排刷、奶油刀、塑膠手套、合板。

使用塗料

「Plaster Medium」、「Antique Medium」、「30香草奶油」。

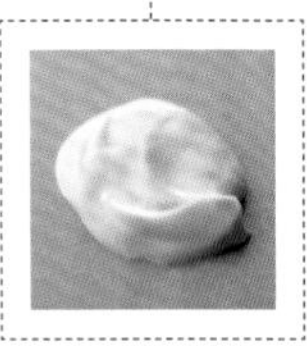

可表現出灰泥質感的「Plaster Medium」。不用排刷，改以鏝刀或奶油刀來塗抹。下，含有中空顆粒（Ceramic balloon），要充分搖勻後使用。

塗裝成灰泥風的餐櫥櫃門片

古典的白色灰泥風抽屜，與鐵製把手、自然色系的層板非常相襯，成為海岸咖啡館風格的室內裝潢主角！因為是家具的一部分，所以注意不要過度表現質感。

備用物品

影印紙、排刷、奶油刀、塑膠手套、合板。

使用塗料

「Plaster Medium」、「Antique Medium」、「30香草奶油」。

同餐具櫃門片一樣上好漆的木板，以排刷加上「Antique Medium」修飾，再以輕點方式淺淺地加上模板文字。

1 使用奶油刀取代鏝刀來塗抹「Plaster Medium」。先薄薄地放滿塗料，再將表面稍微整平即可，無須塗抹開來。

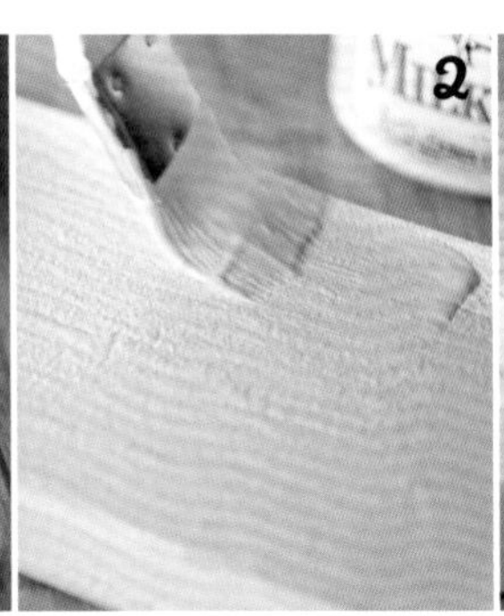

2 等待完全乾燥之後，以排刷塗上「30香草奶油」。大約薄塗2到3層即可漂亮地完成。

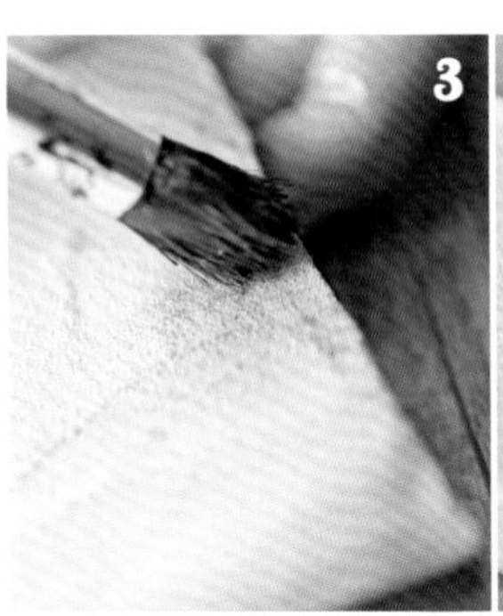

3 最後刷塗「Antique Medium」作出髒污感，當作修飾。先以較寬排刷沾取少量塗料點上，再用細筆刷開。

以灰泥塗料「Ales shikkui」輕鬆實現

置身自然柔和所包圍的溫暖居家空間

適合自然裝潢風格的灰泥牆面，果然令人心神嚮往。
雖然印象中的灰泥塗裝作業很困難，但市面上卻出現了可輕鬆完成的「灰泥漆」！

1 窗邊壁面刷塗了「Ales shikkui」，以水性塗料印製而成的裝飾畫也置於此處。與DIY粉刷成綠色的椅子亦極為搭調。***2*** 象牙白的「Ales shikkui」，將母親創作的貼畫與父親製作的抽屜櫃映襯得更加鮮明。

自家是已有32年屋齡的老公寓
無論如何都想處理那老舊髒污的客廳牆面
試著塗刷「Ales shikkui」之後
整個室內成為色調統一而明亮的空間！

西堀トシコ小姐

自家是屋齡32年公寓大樓中的一戶。雖然喜歡它寬敞的格局設計，不過從完工當時就一直保留至今的壁紙卻成為苦惱之源。好幾處不是已經剝落，就是發霉或出現黑色污點。

雖然想靠一己之力改造成灰泥牆面，但是使用鏝刀來塗裝感覺又很困難……就在此時，朋友介紹了這款「Ales shikkui」。

令人驚訝的是，這款塗料明明是灰泥，卻可以像水性漆一樣使用滾筒刷或排刷來塗布。塗刷在壁紙上大概兩個小時就會乾燥，因此只要一天的時間，就能夠將整個客廳的牆面，甚至是天花板塗裝2次。

因為如此，整個室內變得明亮舒暢！霧面的柔和質感也十分令人讚賞。空間不但比以前清爽，就連料理的氣味都不會殘留到隔天。

由於實在太喜歡，如今廚房、玄關、和室、盥洗室全都用「Ales shikkui」粉刷一遍。家具與日式拉門亦塗刷了「Ales shikkui」打造統一感，各式各樣的嘗試也充滿樂趣。自家已成為身處何地皆能感受到自然材質之美，一個令我引以為傲的住宅空間。

天花板也刷塗了「Ales shikkui」！託此之福 得以感受柔和舒適的光線

「Ales shikkui」似乎具有多方向折射光線的擴散作用，所以塗刷在天花板之後，整個空間都顯得格外柔和且明亮。

1

可以直接塗刷於壁紙

上漆之後讓原本的壁紙花紋更加立體，廢物利用也是一種環保呢！身為新手的我，即使塗刷不均也完全看不出來。

4

具有抗菌‧抗病毒之效

灰泥牆面的住宅不容易滋生細菌或病毒，這點對於小朋友和媽媽都是一大福音，惱人的黴菌也不容易產生。

3

能夠抑制結露

具有吸濕與放濕的特性，所以不會產生冬季結露的情況！盥洗室總能保持清爽，晾在室內的衣物也很快就變乾。

2

能夠吸附異味

因為塗裝了「Ales shikkui」，室內空氣可以常保清新。咖哩、烤肉、鍋子燒焦等強烈味道，到了隔天都會煙消雲散。

規格眾多可以選擇

適用7.5坪的客廳	適用3坪的房間	適用0.5坪的廁所
15kg	4 kg	0.7ℓ

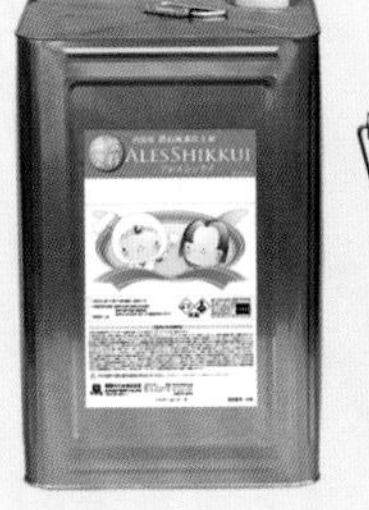

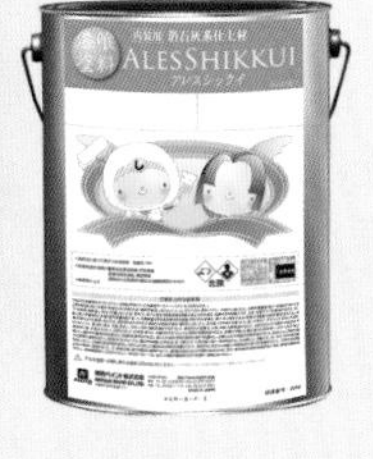

「Ales shikkui」具有3種容量包裝，可根據塗裝範圍選購。0.7L的軟包裝約可塗裝3平方公尺2次。擠出塗料後，大面積的塗裝使用滾筒刷，小地方只需使用排刷即可。另外亦備有合板或石膏板打底劑專用的滾筒刷。

而且擁有8種顏色！

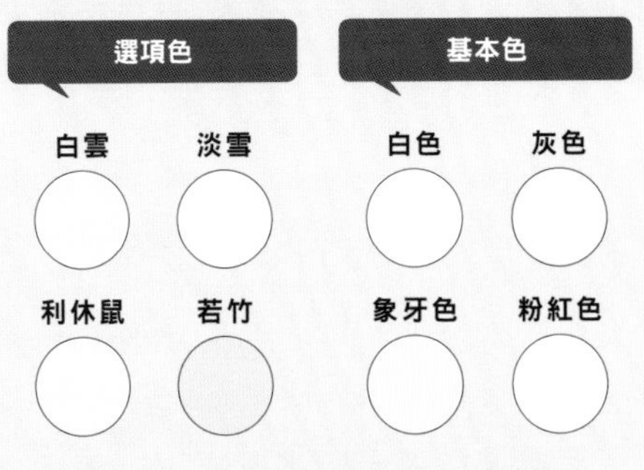

4種基本色全都是清淡柔和的色彩。我挑選了適合軟木地板與木家具的象牙白。有著和風名稱的選項色，感覺也很適合西式風格的居家空間。

商品資訊／關西Paint販賣株式會社 http://www.kansai.co.jp/shikkui/ 網路商店Kanpe Hapio http://shop.kanpe.co.jp/

Section 04

戶外空間也能享受塗漆改造的樂趣

只在室內裝潢派上用場未免太可惜。
玄關、庭院、花園等處的戶外裝修，
也是粉刷DIY廣泛活用的場所。
最近，戶外用塗料也增加了許多種類，
即使依照室內裝潢的感覺
加以改換樣貌也完全沒問題唷！

Case 1

粉刷改造園藝用品！

中野美和小姐

藉由塗漆營造出古舊感的鏟子、澆水壺等園藝用品。讓原本平凡的庭院呈現豐富樣貌。

手持馬口鐵畚箕
改造成舊物風雜貨

全新掃帚亦改為舊物風

普通木箱藉由上漆
擁有復古懷舊色彩

100日圓的澆水壺
也能改成古董風

不僅是粉刷居家空間或雜貨，我也很喜歡改造戶外用品，特別擅長將廉價商品改變成具有老件氛圍的物品。庭院裡使用的手持畚箕與澆水壺，實際上都是塗漆改造而成的物品。如果是百圓商店買來應急用的素材，即使被小朋友弄壞也不會覺得可惜。

「Milk Paint Medium Series」與「壓克力顏料」的3種棕色，是我用來打造Junk風格或古董風格調性的好幫手。可作為底劑的「Medium Series」裡，最喜歡具有龜裂效果與灰泥風情的塗料。「壓克力顏料」則是方便營造真實鏽蝕感與古舊質感。我家的小巧庭院雖然沒有什麼昂貴的物品，卻是朋友來訪時都會愛上，讓我引以為傲的地方。

雖然很嚮往歷經風雨而舊化的雜貨
但真實的老物需要時間塑造
因此就用塗漆來呈現吧！

1 這不是真正經久使用產生鏽蝕的鏟子，而是靠塗漆打造出的風格。
2 木箱使用了具有龜裂效果的底漆，打造出具有古物情調的物件。

只是將百圓商品或單調的雜貨塗漆
即可製作出讓庭院繽紛奪目的原創物品

作法與畚箕相同，分別以海綿沾取「壓克力顏料」的「37A Burnt Amber」、「36A Raw Amber」、「131A Raw Sienna」輕拍上色。全新品也能簡單變身為古董風雜貨。

宛如歷經風雨的古舊質感，是以水稀釋「Antique Medium」後，刷塗於整個畚箕使其顯得黯淡。鏽蝕感的製作要訣則是以「壓克力顏料」的3種棕色逐一疊塗而成。

備用物品

排刷、粗孔隙的海綿，以及文字模板。

使用塗料

「Turner牛奶顏料」的「Multi Primer」、灰泥風「Plaster Medium」、與畚箕相同的「壓克力顏料」各色。

整體刷上「Multi Primer」，再以海綿沾取「Plaster Medium」輕拍塗上，之後以「壓克力顏料」修飾，作出舊化感。

備用物品

排刷、粗孔隙的海綿、紙膠帶、布巾。

使用塗料

「Turner牛奶顏料」的「Multi Primer」、「Antique Medium」、「1白雪」、「57墨藍」、「壓克力顏料」的「37A Burnt Amber」、「36A Raw Amber」、「131A Raw Sienna」、「9A Jet Black」。

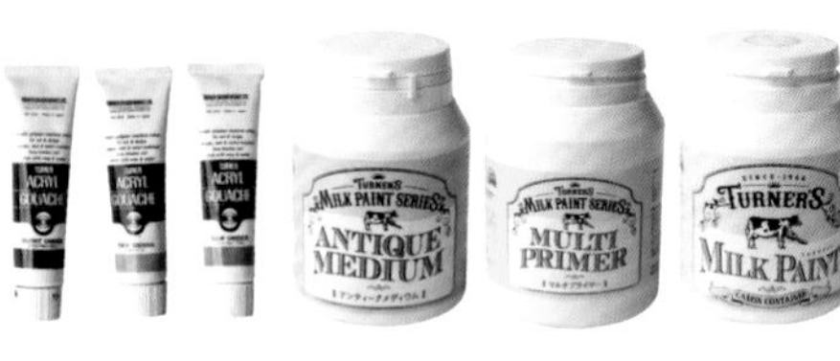

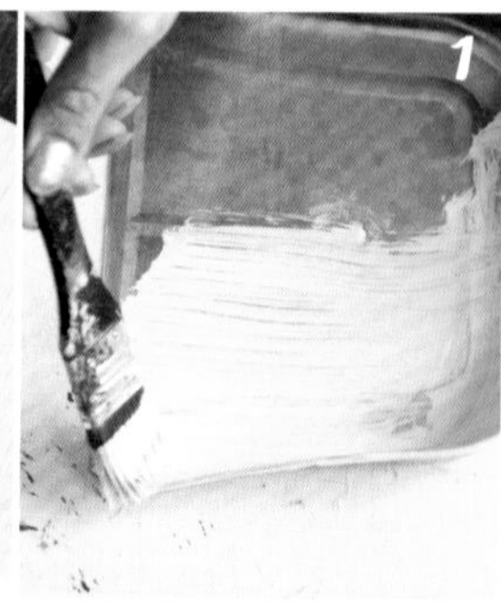

整體刷塗作為底漆的「Multi Primer」之後，刷上2層「1白雪」，下方約1/3處則塗上2層「57墨藍」。

此步驟的要訣是，海綿沾取「37A Burnt Amber」後以布巾稍微擦去塗料，再以擦刷般的方式輕拍上色。

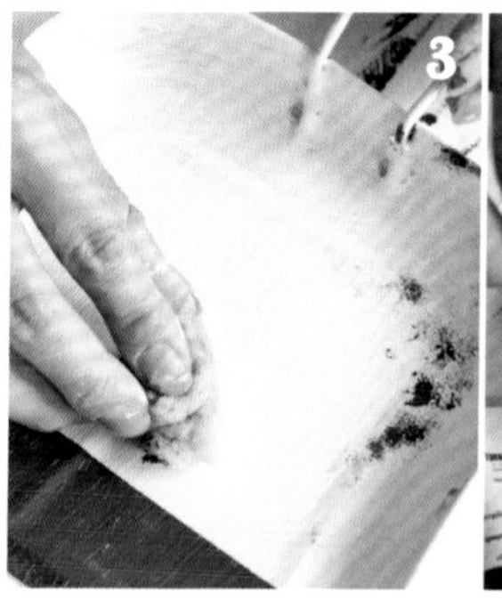

在完成步驟**2**的畚箕，以輕拍方式疊塗「131A Raw Amber」與「36A Raw Sienna」2色。塗在容易發生鏽蝕的邊緣與內側邊角會更具真實感。

將木箱上的塗料作出剝落般的效果

先以「Milk Paint」上色，再於想要作出龜裂感的部分刷上一層「Cracking Medium」。最後以「Antique Wax」讓整個木箱顯得暗淡無華，並加上模板文字裝飾。即可打造出舊物印象。

將整支鏟子加工成鏽蝕風

鏟子部分以海綿點拍塗上由「37A Burnt Amber」、「36A Raw Amber」、「131A Raw Sienna」混合而成的顏色。手把則是先塗布「Antique Wax」再上色，最後以鏟刀隨意刮落局部塗料。

After

在塑膠收納箱上創造出朽化紅磚之趣

Before

想不到這個箱子原本是塑膠材質吧？使用塗刷後呈現灰泥質地的「Plaster Medium」，嘗試塑造出斑駁紅磚的立體感。

平凡無奇的塑膠容器變身時尚綠意花器，升格為在玄關迎接賓客的雜貨。

備用物品

排刷、鏝刀、一字起子、錐子、筆、文字模板、深型紙盤等。

使用塗料

「Turner牛奶顏料」的「Multi Primer」、「Plaster Medium」、「Antique Medium」、「29陳年酒」、「1白雪」、「壓克力顏料」的「9A Jet Black」、「32A Yellow Ochre」。

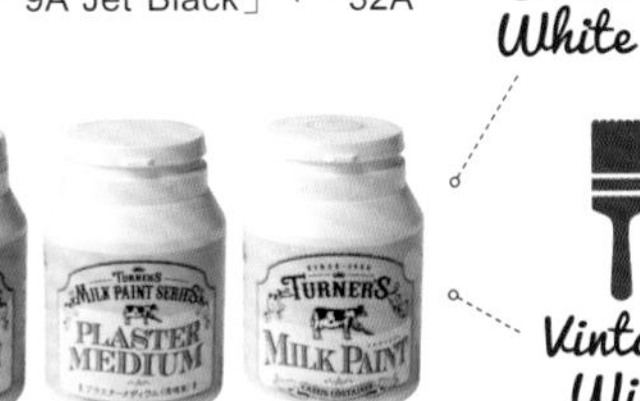

Snow White

Vintage Wine

1 刷塗「Multi Primer」作為底漆，接著以鏝刀塗抹「Plaster Medium」約2~3㎜厚，紅磚部分的厚度要足夠。

2 趁步驟1半乾的狀態，利用一字起子與錐子刻出磚縫，作出小小的紅磚模樣。

3 塗上稀釋過的「9A Jet Black」，再分別以「Antique Medium」、「29陳年酒」、「32A Yellow Ochre」上色。

重新粉刷成粉彩色系之後，呈現柔和氛圍的置物倉庫。以模板繪製的黑鹿是爸爸，黃鹿是我，三個圓點象徵著小朋友們。

粉刷戶外倉庫！

末永 京小姐

因為處於室外而放棄改造的置物倉庫
使用塗膜強度高的塗料
重新粉刷成色彩繽紛的樣貌
小朋友們也都非常開心

「陰刻式模板用法」簡單所以非常推薦

在紙上沿模板描繪圖案，裁切下來貼在塗漆表面上，在大於圖案的範圍上色，就完成了陰刻式的鏤空圖案。清晰呈現的輪廓十分漂亮吧！

以文字模板作出孩子名字的首字母

在代表3個孩子的圓點，以文字模板加上名字拼音的首字母。「這是我的」、「這個是我」孩子們七嘴八舌地說著。

側邊是蜂蜜般的可愛色彩

從陽台可以看到整個倉庫側面，於是我刷上了以蜂蜜為形象的「GFW-04 Honey Bee」用以襯托綠色植物，小女兒也開心地直説好可愛！

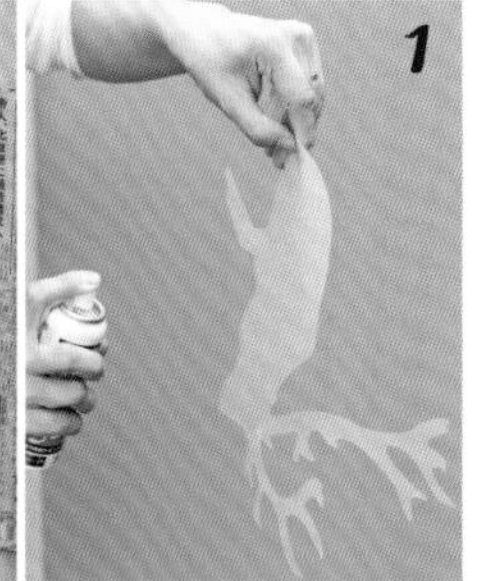

1 將鹿形模板放大影印，在作好的紙型噴上噴膠。**2** 將步驟 **1** 的紙型貼在門板上，再貼上剪出塗漆範圍的報紙。以海綿輕柔拍打的方式上漆。 **3** 趁步驟 **2** 色漆半乾的時候，撕下紙型。**4** 以紙膠帶貼住名字的首字母模板再塗漆，避免塗料沾染範圍外。

備用物品

排刷、滾筒刷、「Graffiti Stencil」圖案模板（人．動物）、紙膠帶、海綿、噴膠、報紙。

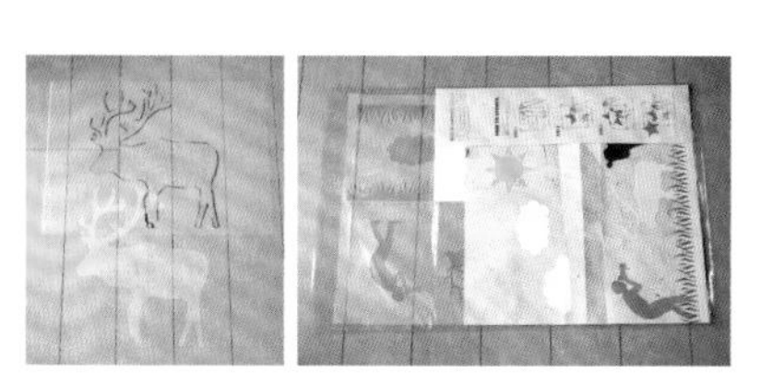

使用塗料

「Graffiti Paint Wall& Others」的「GFW-04 Honey Bee」、「GFW-21 Jumping Frog」、「GFW-16 Summer Breeze」、「GFW-17 Melon Flavor」、「GFW-32 Moon Rabbit」、「GFW-34 Black Lily」。

自宅庭院裡放著一座深藍色的不鏽鋼置物倉庫。暗沉的顏色與放在露台上的綠色植栽非常不搭。原本已經放棄改造，但是後來聽說有戶外空間亦適用的可愛色漆，於是粉刷就不再是不可行的改造方法。這款塗料正是「Graffiti Paint」。在35種顏色中選擇了3種綠色系，將3片門板塗成漸層色調。側面則決定選用適合綠色植物的黃色系。

「Graffiti Paint」是一款即使不上底漆也不容易剝落的室外漆，所以可以省去一個作業步驟。於是省下來的時間，就拿來製作孩子們喜歡的動物圖案。這時趁機挑戰的是「陰刻式模板用法」，不僅作法簡單，完成的效果也很可愛。DIY顧問可以運用的創意點子又增加了！

雖然這個置物倉庫十分堅固耐用，卻會讓庭院感覺灰暗。所以想將沉重的深藍色改成明亮的藍色。

Case 3

老舊而煞風景的玄關牆面與拉門
重新粉刷為純白色之後
鐵藝風層架與黑色噴漆風圖文
立即成為室內風格焦點

塗漆的立體文字擺飾與噴漆風圖文是裝飾重點

百圓商店的立體文字擺飾，只是塗上黑色漆就十分吸睛。帶有工業風的文字模板之中，加粗的哥德字體絕對是我的最愛。

平凡無趣的門鈴以木材組成的箱子遮蓋。僅使用文字模板加上粗體字，立即變身成為時尚雜貨！

難以運用的天花板高處空間，也裝設了刷成黑色的角材，DIY作出的簡單層架不僅展現出統一感，也提升了收納力。

將角材塗刷成黑色仿造成鋼鐵材質

雖然非常想要工業風的鐵藝層架，可是購買需要的花費實在太貴，若要自行DIY好像也很難。所以我將角材漆成黑色，成了「仿鐵製」。

裸露的斷路器模組也以手工製的木箱遮住。塗上染色劑後的樣貌頗具存在感，因此沒有再舊化加工。

住宅外牆也全部粉刷成白色。玄關前的DIY木作收納箱刷上了胡桃木色的油質染色劑，作出長年使用的歲月感。

以染色劑凸顯木紋 展現韻味 並自然融入空間

手工製作的層架與鏡子之類也同樣以模板文字裝飾，統一風格的同時也增添了自然氛圍。改裝時要特別注意，避免過於陽剛。

從拉門到外牆 都統一 以白色為主調

連接客廳的拉門是充滿昭和風情的玻璃拉門。連格柵都一一仔細刷白，降低了原有的和風氛圍。

雖然不知道自家屋齡幾年，總之是很老的租賃平房住宅。因為房租便宜而心動入住，不過先前就對和式風格相當不滿意。因此與房東商量過後，允許我們可以在一定範圍內粉刷改造。

我將老舊的貼皮木板牆、鋁製玄關門，以及從前保留至今的玻璃格子拉門等，全面粉刷成純白色。於是原本昏暗的玄關竟然變得非常明亮，塗漆的效果好得令人吃驚！還趁勢親手製作塗刷成仿鐵藝的層架，並且四處放置噴漆風格的模板文字擺飾，瞬時變成嚮往不已的工業風玄關！至此之後，將老舊與和式風格一掃而空的粉刷作業，成為我家改換樣貌不可或缺的技巧。接下來，該動哪裡？該漆成怎樣的風格？只見居家改裝的夢想不斷延伸擴大。

Case 4

粉刷改造車庫！

大西真央小姐

被大量商品堆到看不見牆壁的倉庫，只保留剛好一台車的停車空間。

將昏暗的一樓車庫
粉刷成黃色＆橘色的活潑空間
宛同普羅旺斯農家的露台

本身任職於塗料製造公司，因此手握排刷塗漆是我每天的功課。最近掛心的事，就是打算將煞風景的倉庫兼停車場來個印象大改造，成為員工休息的地方。正因為車庫是一個可以從外面一覽無遺的空間，於是我興起一個念頭，何不趁這難得的機會，改裝成為對外展示的時尚空間。於是以普羅旺斯鄉村住宅的露台風格為設計發想，出動所有同事一起完成粉刷作業。

整體統一為橘色系，深處牆面為明亮色調。使用海綿輕拍塗布，仿造出灰泥牆般的柔和風情。看起來像是鋪上格紋地毯的地板，其實也是油漆而成。

同事們好評不斷，也能看著大家手拿飲料在車庫休息的模樣。原本只是單純的車庫，如今變成人們聚集的地方，實在令人開心不已。

備用物品

排刷、滾筒刷、海綿、砂紙、布巾、紙膠帶、遮蔽膠膜、深型紙盤等。

使用塗料

「Graffiti Paint Wall & Others」的「GFW-04 Honey Bee」、「GFW-05 Exotic Marigold」，「Graffiti Paint Floor」的「GFF-04 Honey Bee」、「GFF-05 Exotic Marigold」、「GFF-09 Sunrise Sunset」、「GFF-33 Diamond Dust」、「GFF-32 Moon Rabbit」、「GFF-26 Snow White」、「GFF-27 Dolphin Dream」，「Old Village」的灰泥風塗料「White Wash」與「Mediterranean」、「Jelly Wood Stain」。

塗裝牆面與天花板

1 兩側牆面與天花板皆塗刷「GFW-04 Honey Bee」，分界線先貼上紙膠帶防護，再從角落開始塗刷。*2* 以紙膠帶劃分出界限的半腰壁面，則是塗刷「White Wash」與「Mediterranean」3：1混合而成的塗料。*3* 深處的正面牆壁則是用海綿輕拍，塗上「GFW-05 Exotic Marigold」。

Diamond Dust　Snow White　Honey Bee
Moon Rabbit　Exotic Marigold
Dolphin Dream　Sunrise Sunset

地板用

牆面用

塗裝地板

6 塗刷橘色×白色的方格圖案。先以紙膠帶貼出所有要上色的正方形。*7* 橘色部分使用「GFF-04 Honey Bee」、「GFF-05 Exotic Marigold」、「GFF-09 Sunrise Sunset」，白色部分使用「GFF-33 Diamond Dust」、「GFF-32 Moon Rabbit」、「GFF-26 Snow White」。*8* 將步驟 *7* 準備好的塗料分別以海綿沾取，重疊塗布，打造出陶瓦風格。

塗裝門板

4 先以砂紙磨除門板表面的亮光漆，增加塗料的附著力。*5* 以布巾沾取「Jelly Wood Stain」，一點一點地塗擦在門板上使其吸收，作出長久使用的感覺。

1 燈具也可以粉刷。推薦先以「Metal Primer」作為底漆。*2* 以塗漆來表現陶瓦磚的褪色感。塗好一個區塊就撕下紙膠帶，界線可以重貼到好正是重點。*3* 車庫深處地板以「GFF-27 Dolphin Dream」來收斂空間。*4* 從壁面直到天花板皆以「GFW-04 Honey Bee」的黃色塗裝，打造明亮空間。*5* 半腰壁面的灰泥風白牆更增添了南法風情。成為可以坐在籐椅上享受下午茶的溫暖空間。

初學者也能放心漆！

粉刷油漆全方位基礎指南

粉刷塗漆雖然是每個人都可以作到的簡單改造技巧，
但事先掌握必備工具與訣竅也很重要，能讓成品更加漂亮喔！

監製／VIVID VAN

Step 1 備齊粉刷油漆的必備工具吧！

滾筒刷用四角漆桶

使用滾筒刷的時候，具有一定深度的油漆桶是必備器具。推薦附有網子，可調整塗料沾取量的款式。

塑膠手套

染色劑與油性漆一旦沾到肌膚就很難去除。因此作業時請務必戴上塑膠手套。

遮蔽膠帶

又稱養生膠帶，是很容易拆除＆用手撕斷的弱黏著性薄膠帶，是防止塗漆時弄髒周圍的必備工具。

塗裝小型雜貨時

使用細窄排刷（圖為1吋刷，約2.5㎝）或是畫筆，就連縫隙也能充分刷塗上色。或是以海綿來渲染也很簡單。

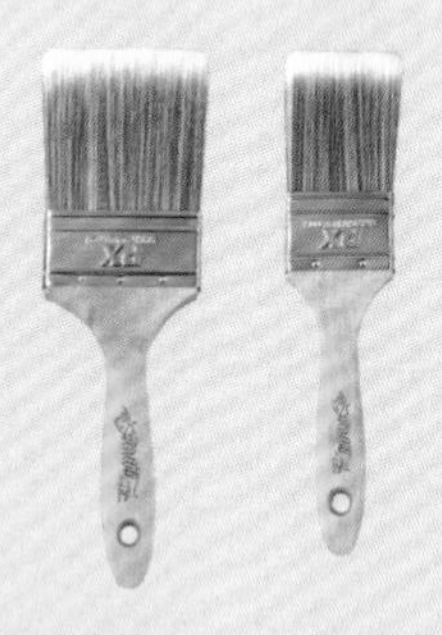

塗裝家具時

推薦細微處與寬廣平面皆能使用的大尺寸排刷。圖為2吋刷（寬約5㎝）與3吋刷（寬約7.5㎝）。

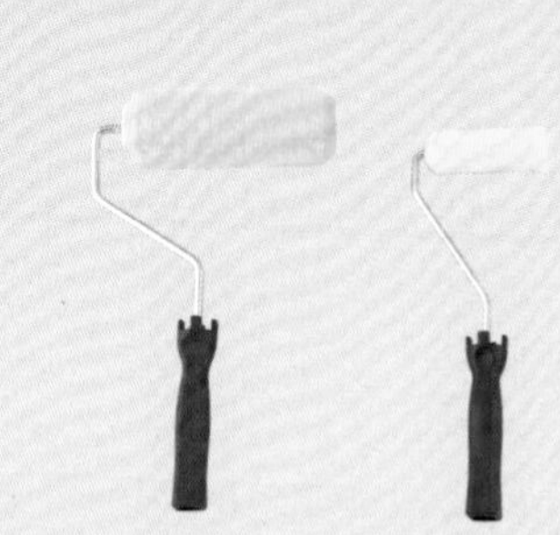

塗裝牆面之類的寬廣平面時

滾筒刷能均勻且快速塗漆。圖為寬18㎝與10㎝的款式。塗裝高處時，可以使用長柄滾筒刷。

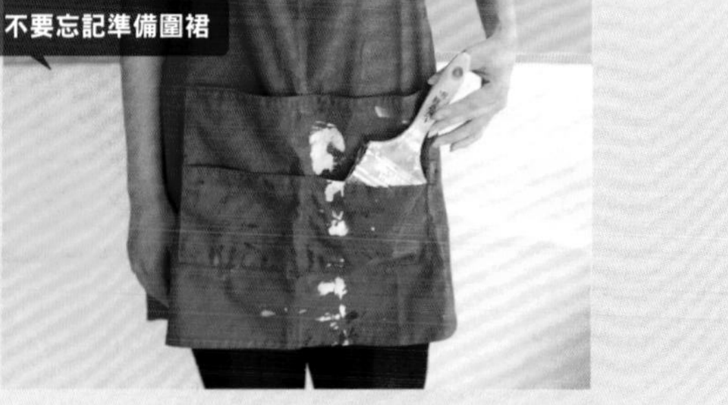

不要忘記準備圍裙

塗料一旦沾到衣服就很麻煩。即使是水性塗料也難以清洗。請穿著弄髒也無所謂的服裝來進行作業吧！

塗擦染色劑時

利用穿舊的T恤等閒置布料來塗擦吧！在此推薦使用棉質布，大小依塗布範圍裁剪即可。

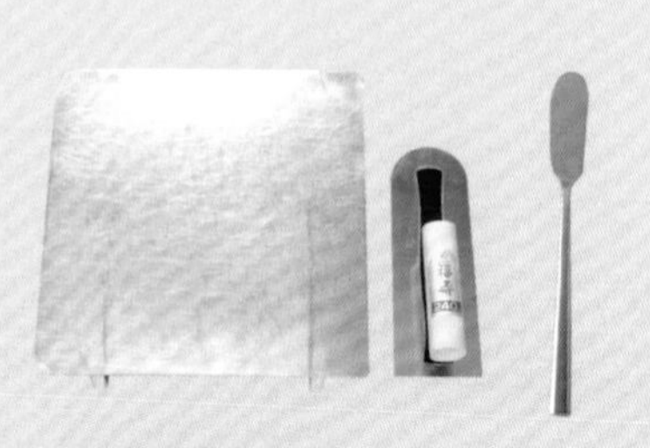

塗抹灰泥時

必備工具是鏝刀與泥作板。鏝刀以小尺寸並且具有彈性可彎曲的款式為佳。塗裝雜貨時可以奶油刀替代。

Step 2 得心應手運用塗漆不可或缺的紙膠帶吧！

何謂紙膠帶？

在劃分塗漆與不塗漆的分界線，貼上容易撕除的膠帶，可以防止塗料溢出塗裝範圍。不僅適用大面積牆面等平面作業，塗裝小物更是必備。

2種都絕對必備

使用時，為了避免膠膜滑落，以紙膠帶或遮蔽膠帶貼住膠膜邊緣數處固定，作業時比較輕鬆。

遮蔽膠膜

布製的遮蔽膠帶上連接著塑膠膜，是塗裝平面時大範圍覆蓋保護的便利用品。

分色塗裝牆面時，先以紙膠帶貼出分界線，接著塗刷上方牆面。需在塗料完全乾燥之前撕除紙膠帶。

紙膠帶

具有各種寬度，可依照塗裝需求選擇合適的規格。照片為適用於雜貨或家具防護的18㎜寬度。作為牆面防護時，需選用更寬的尺寸。

不要弄錯紙膠帶的黏貼方式！

分色塗漆時，先在界線貼上紙膠帶，塗刷後就撕除紙膠帶。待最初的塗裝區域乾透之後，再重新貼出後續要塗裝的區域界線。

亦可運用於塗刷花紋時

以紙膠帶黏貼出想要製作的花紋，小心別讓塗料超出範圍，即可簡單完成清晰美麗的圖紋。成功的重點是依照預想的完成線黏貼。

與遮蔽膠膜併用作業更方便

上方介紹的遮蔽膠膜，由於膠帶部分黏性稍弱，可用紙膠帶再次補強防止鬆脫，作業時也比較放心。

Step 3 開始動手粉刷塗漆吧！

塗裝房間壁面時

使用長柄滾筒刷，只要筆直地移動滾筒即可粉刷得很漂亮！

最初先用排刷從轉角牆邊開始塗裝！

由於滾筒刷不容易塗到轉角或牆邊，因此貼上紙膠帶界線後，先以排刷完成這部分的塗裝。

1. 天花板
2. 牆面
3. 門板
4. 地板

由內而外的塗裝方向

以滾筒刷沾取塗料，利用漆桶內的網子刮去多餘的量之後再塗刷。與打掃一樣，塗漆也是由上而下，由內往外。如此才不會弄髒已塗刷好的部分，完成後整體也顯得乾淨漂亮。筆直地移動滾筒刷的長柄，不僅可以井然有序地粉刷，也不會浪費過多的塗料即可完成作業。

塗裝雜貨時

1. 內側
2. 底部
3. 外側

別讓過多塗料囤積在邊緣

先從內側塗起，就不會弄髒已完成的部分，作業上也比較順手。要確實刮除排刷上的多餘塗料，薄塗的成品才會比較漂亮。

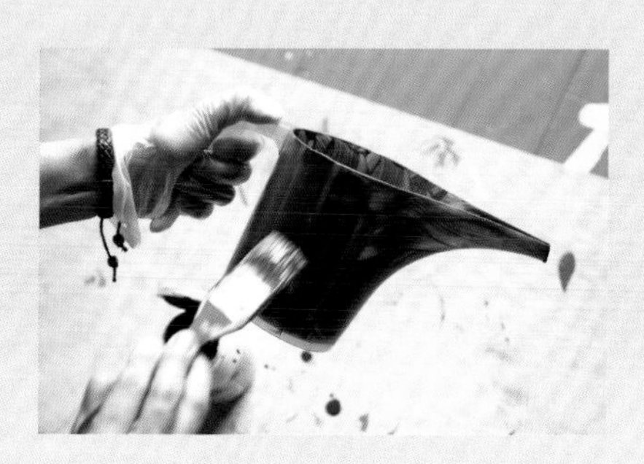

藉由塗漆方式賦予不同風貌時

想要均勻塗刷時 使用滾筒刷

使用滾筒刷時，只要平均施力即可塗刷均勻。次數過多的反覆來回，反而會造成塗漆斑駁不均，須特別注意。

想要表現立體感時使用排刷

左・將質地黏稠的「White Wash」與「Mediterranean」混合後塗刷，就會呈現灰泥般的風格。右・直立握住排刷，以按壓後拉起的方式塗刷，即能作出立體感。

想要渲染效果時使用海綿

想讓空間跳脫平凡無奇的外觀時，推薦使用海綿。逐步少量沾取塗料，以輕拍方式來塗裝，即可打造出輕盈柔和的印象。

Step 4 暫停作業時的塗料&工具擺放方式

塗漆作業中的排刷 務必置於水中或塗料內備用

排刷在沾有塗料的狀態下暫時放置，一旦固化就很難恢復原狀。請務必置於水中或塗料內，以保持柔軟狀態。

中途想暫停作業時 在已上漆的邊緣進行模糊處理

如圖示刻意模糊已上漆區域的邊緣，重新開始作業時就能防止界線分明，以及顏色斑駁不均的狀況。

休息時間較長的情況 以遮蔽膠膜一併封包塗料與排刷

總之最重要的，就是注意別讓塗料與排刷變得乾硬。只要利用遮蔽膠膜貼在塗料桶上，並將膠膜束起打結，即可輕鬆防止乾燥。

令人想要使用的最新塗料&工具型錄

以本書介紹過的塗料為首，備受注目的塗料系列產品簡介。
打造時尚潮流室內風格不可或缺的商品，令人目不暇給！

Turner牛奶顏料　以牛奶為原料的霧面效果水性塗料

Multi Primer

作為金屬或玻璃等塗料難以附著材質的底漆，提升「Turner牛奶顏料」的附著力。薄塗1~2次即可，乾燥時間為2個小時以上。200ml／850日圓、450ml／1600日圓。

Plaster Medium

使用奶油刀等工具即可作出類似鏝刀的抹痕，亦可以叉子用力劃過，能夠享受製造各種立體感紋路的樂趣。乾燥時間需要1~2天。200ml／850日圓、450ml／1600日圓。

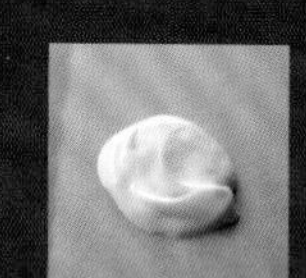

白色灰泥風的黏稠塗料。使用前必須先以棒子充分攪拌，再取出要用的量。

Cracking Medium

疊塗在「Milk Paint」的色漆之上，能使塗膜產生龜裂效果。排刷移動的方向或塗料的使用量，都可以讓龜裂效果的紋路或細節有所變化。200ml／850日圓、450ml／1600日圓、1.2L／3600日圓。

透明且清爽的質地。只需塗刷一次，即可產生漂亮的龜裂紋。

Dust Medium

製造白色髒污效果，彷如被灰塵覆蓋般的風格。細部可使用排刷來塗擦。推薦使用於底色較深的色漆上。200ml／850日圓、450ml／1600日圓。

具有黏稠度的米白色塗料。以排刷少量逐步塗刷，可以增加粉末感。

Antique Medium

充分搖晃均勻後，直接使用原液。在完全乾燥後的色漆上，用布巾或排刷塗擦這款Antique Medium，即可打造出帶有歲月感的物件。200ml／850日圓、450ml／1600日圓、1.2L／3600日圓。

深棕色且具有黏稠度的塗料。少量即可充分表現出古物般的損傷痕跡或髒污感。

Turner 牛奶顏料

原料使用了森永乳業牛奶。忠實再現美式村風的色調。奶油般分容易塗布的質地是大特色。有200ml／8日圓、450ml／150圓、1.2L／3400日圓種規格。全6色。

前往Turner牛奶顏料的官方instagram！

https://www.instagram.com/turners_milkpaint_official/

Paint DIY market

藉由Turner的DIY商品，宣傳塗漆DIY魅力的網站！

http://turner.co.jp/paintdiymarket/

壓克力顏料

具有絕佳延展性的水性顏料

不會斑駁不均，可確實塗布的繪畫用顏料。因為乾燥後具有良好的耐水性，所以也推薦與「Turner牛奶顏料」搭配使用。全221色。其中還包括金

Chalkboard Paint

粉刷後的表面會變成黑板的塗料

可以塗刷在木材與紙箱等各種材質上。速乾且成品美觀漂亮，都是令人開心的優點。亦可疊塗。30ml／350日圓～4L／13600日圓。全12色。

Antique Wax

使用天然蜜蠟製成的蠟質塗料

使用天然材料煉製而成，味道很淡的蠟質塗料。兼具保護木材與染色的功用。以柔軟的布挖取，順著木紋塗抹開來即可。120g／1900日圓。全

Graffiti Paint　室內外都易於使用的沉穩色彩塗料

Glitter

加入閃亮粒子的新風格塗料。塗刷於表面色漆上即可改變質感。10ml／450日圓、200ml／2550日圓。金・銀色系有6色、珠光色系有6色，共12色。

Metal Primer

於電鍍表面或不鏽鋼等金屬材質上塗裝「Graffiti Paint」時的底漆。近似灰色的色澤。40ml／350日圓、200ml／750日圓、500ml／1800日圓等，共6種規格。

Floor

瀝青、砂漿、水泥等室外地坪皆適用的塗料，不需要室外用底漆即可簡單完成粉刷作業。40ml／350日圓、200ml／750日圓、500ml／1800日圓等，共6種規格。全35色。

Wall & Others

無須室外用底漆，只需塗刷2次就OK。優秀的附著力與延展性不僅用於牆面與家具，室外也適用。40ml／350日圓、200ml／750日圓、500ml／1800日圓等，共6種規格。全35色。

Graffiti Brush

彈性佳的尼龍毛製成
塗刷感十分優秀

追求容易塗刷為目標的製品，使用正圓形斷面的尼龍毛。以樹脂黏合再加上不鏽鋼包覆，防止刷毛脫落。1吋刷（約2.5㎝）720日圓～4吋刷（約10㎝）2340日圓。全6種尺寸。

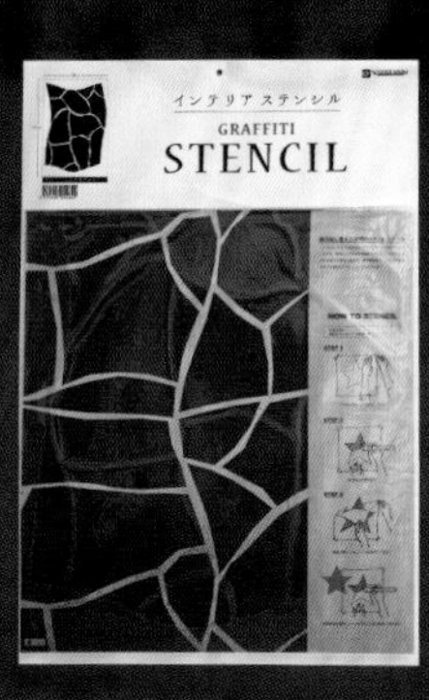

Graffiti Stencil

時尚的大尺寸模板
竟有19種之多！

適用於大面積平面，製作連續花紋的大尺寸模板。36×53㎝／1750日圓。全16款。可以剪刀裁剪使用的大尺寸字型系列 36×53㎝／2250日圓。全3款。

「Graffiti Paint」官網 http://graff-a.com/
（依廠商而定，亦有可能不寄送至海外）

Old Village Series　早期由美國職人發明製作的環境友善自然塗料

Imagine Wall Paint

追求容易塗裝於壁紙表面為目標的塗料
充滿個性豐富的色彩

Blue Gray Tone Paint

具有安定身心、提高注意力的藍色，以及能夠融入任何一種色彩的灰色。由深受歡迎的2色，混合出優雅的6種色彩。0.5L／2700日圓、2L／5600日圓等，共4種規格。

MUMU PAINT

改造達人久米真理小姐提案發想的原創色彩。能夠作為自然風裝潢焦點的15種色彩，而且沒有油漆特有的味道。0.5L／2700日圓、2L／5600日圓等，共4種規格。

American Vintage Colors

再現經典美好的美式氛圍，12種復古風色彩。「Mom's Choco Cookie」等顏色名稱也很可愛！100ml／660日圓、0.5L／2700日圓、2L／5600日圓等，共5種規格。

British Vintage Colors

居住於倫敦的設計師Yukari Sweeney精選出來的顏色。紫色系、棕色系等各有特色的色彩共14色。100ml／660日圓、0.5L／2700日圓、2L／5600日圓等，共5種規格。

Imagine Chalkboard Paint

只要塗在壁紙上，牆面也可變身黑板。等待3天以上完全乾燥再使用，筆跡會比較漂亮。以食物為印象，深具美味感的色彩，共20色。500ml／3600日圓、2L／9000日圓。

Imagine Metallic Paint

閃耀的金屬光芒令人著迷。與「Aging Liquid」搭配使用，就變成金屬舊件風格。備有金、銀、銅，3種顏色。100ml／1980日圓、0.5 L／9000日圓。

Imagine Aging Liquid

這款水性漆只需少量疊塗於色漆表面，即可塑造出像是歷經長年使用的風貌。使用排刷或以布巾擦拭塗抹皆可。500ml／1490日圓。

Imagine Iron Paint

乾燥後呈粗糙觸感，任何人都可以輕鬆作出真實的鐵器質感。備有黑與棕2種顏色。也很推薦混合使用。使用範例參照p.95。100ml／1280日圓。

Mityakuron

提高塗料附著力的底漆

適用於塗料難以附著的表面，只需塗刷等待乾燥，即使不用砂紙加工，塗料也能漂亮均勻地附著。420ml／1410日圓、1L／2477日圓等，共4種規格。

Dry Erase Clear

塗刷表面會成為白板

A劑與B劑如圖示以1：3的比例混合後塗裝。等待3天以上完全乾燥，就會變成透明光滑的表面，以水性筆書寫文字可以擦除。Part A 118ml與Part B 354ml，2罐一組3600日圓。

Hatte Me Paintable

作為塗料基底的貼紙

具有圓點狀的背膠。可輕鬆張貼撕除的粉刷底紙。可讓塗料更顯色是這款商品的特色。備有寬46㎝／880日圓與寬90㎝／1480日圓，2種尺寸，皆以1公尺為單位裁切販售。

Vegeta WALL

已調和完成的彩色灰泥

這款灰泥的特色，在於收到商品後即可動手塗刷，作業非常簡便，宛如蔬菜的粉彩色系也十分可愛。具有調節濕度、防霉、除臭效果。圖為淡紫色的「茄子」。乾燥後的顏色會比塗刷時要淡。4kg／2600日圓、16kg／8000日圓。

p.92商品官網　http://www.rakuten.ne.jp/gold/kabegamiyahonpo/

（依廠商而定，亦有可能不寄送至海外）

nüro 輕鬆使用宛如繪畫顏料的軟管包裝水性塗料

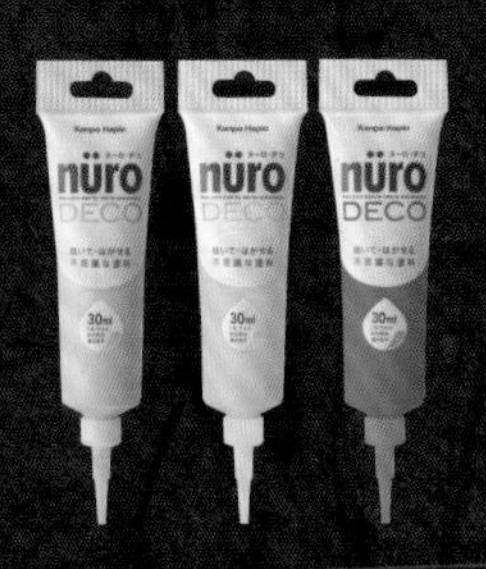

nüro deco

如立體膠筆般可自由描繪，乾燥後可以撕除的立體感塗料。具有撕下可重新黏貼的特性。對玻璃或塑膠材質的附著度佳。30ml／1300ml（建議售價），全10色。

nüro 木用染色劑

讓木材之美更加顯眼的凝膠狀染色劑。直接擠在待塗裝物品表面，再以布巾塗擦推開即可。速乾。乾燥之後的表面可用水擦拭。30ml／750日圓、70ml／1000日圓（建議售價），全10色。

nüro Standard

單手即可簡單開蓋的軟管包裝，沒什麼味道的水性塗料。耐久性強，亦適用於塗裝戶外物品。30ml／567日圓～、70ml／855日圓～，全38色。250ml／1260日圓～（建議售價），全10色。

「Ales shikkui」以滾筒刷或排刷塗裝的灰泥塗料

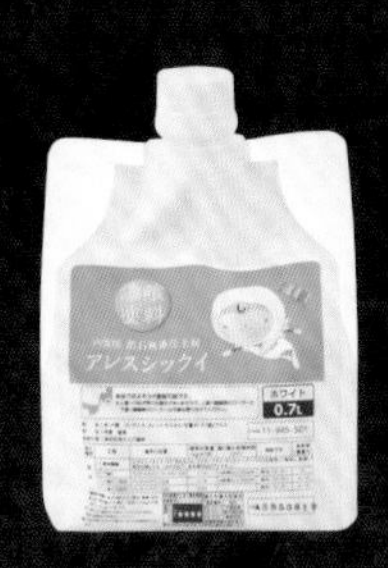

環保包裝

約可塗刷3平方公尺，剛好適合塗裝廁所牆面的容量。具有除臭去味的效果，推薦用於時常處於密閉狀態的場所。0.7L／8240日圓（建議售價），全2色。

15kg桶裝

約可塗刷42平方公尺，剛好適合塗裝7.5坪客廳的牆面。調節濕度的性能強大，可抑制結露，也具有防止病毒附著的效果。51500日圓（建議售價），全8色。

4kg罐裝

優質的自然素材，完全保有灰泥的機能性，可使用排刷或滾筒刷來施工。約可塗刷11平方公尺，剛好適合塗裝3坪房間的牆面。16480日圓（建議售價），全8色。

適用於壁紙的環保包裝塗料

方便倒出的細口蓋，處理丟棄也很簡單的壁紙用水性塗料「水性壁紙用」。1L／3000日圓 全19色、2L／5800日圓 全19色、4L／9500日圓 全10色（皆為建議售價）。

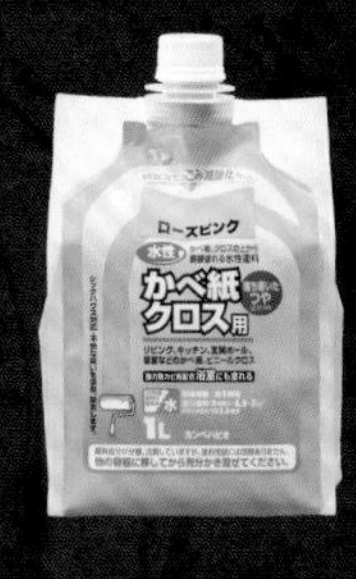

p.93商品官網　http://shop.kanpe.jp/

（依廠商而定，亦有可能不寄送至海外）

編輯部推薦！
蔚為話題的塗料皆在此

可自由作出立體效果

Goopy Paint

這是一款具有黏性的塗料，因此能用刷子、海綿或抹刀作出凹凸立體的紋路。不妨善用塗料特性，享受創造浮雕或古董風格的樂趣。236ml／1560日圓、473ml／2400日圓（未稅）　©VIVID VAN http://vividvan.co.jp/

使用模板製作出花紋，再以「Goopy Paint」增添厚度。表面上漆之後再以砂紙打磨。

塗刷之後具有磁性

磁性漆

塗刷之後即可讓物體具有吸附磁鐵磁性的優質速乾塗料。十分推薦與黑板漆並用，作為底劑。適用於木材、砂漿、水泥等材質。170ml／1900日圓、500ml／5500日圓、1.5L／14000日圓（未稅）　©Turner色彩http://turner.co.jp/

充分攪拌均勻後使用。重複塗刷3次即可具有強力磁性。乾透之後，可再疊刷一般室內裝潢用面漆。

最適合陽剛風室內裝潢的灰色系塗料

Imagine Gray Tone Paint

蔚為潮流的帥氣個性風灰色調水性塗料。備有深淺明亮度各異的6種色彩。0.5L／2970日圓、2L／6380日圓、4L／9460日圓、15L／29700日圓（含稅）　©壁紙屋本舗http://www.rakuten.ne.jp/gold/kabegamiyahonpo/

London Sky

Tin Robot

Stone Henge

Heavy Elephant

Gargoyle

Ceramic Charcoal

從小物到外牆的多用途漆

ALES ARCH

從園藝用品到室內裝潢物件皆適用，具有優雅的消光色澤。塗膜非常耐雨淋與日曬，乾燥之後不會因為雨或水分而剝落。0.1L／630日圓～7L／9900日圓（未稅，建議售價）共6種規格容量。全36色　©Kanpe Hapio http://shop.kanpe.jp

適用於嬰幼兒玩具的護木漆

OSMO Wood Wax

以植物油為基底的室內用護木漆。最適合用於家具、門窗等建材、兒童玩具，具有優異的耐久性、撥水性、防污性。0.375L、0.75L、2.5L，皆為建議售價。全13色　©OSMO & EDEL http://osmo-edel.jp/osmocolor/

※依廠商而定，亦有可能不寄送至海外。

在網路上購買吧！

進一步提升塗漆
改造質感的輔助素材

在此將介紹打造引人矚目室內裝潢不可或缺的素材。
與彩色塗料並用，讓裝潢風格更具豐富層次。

適用於成熟典雅的
歐美風格裝潢

裝飾線板&四分企口板

右・歐洲或美國住宅中常見的牆面裝飾——線板，可以讓平面的牆壁擁有凹凸立體的層次感。左・方便好用的四分板可用於製作半腰壁板。只要刷塗個人喜歡的顏色，立即完成獨具一格的風格空間。

適用於人氣高漲的
工業風裝潢

Imagine Iron Paint

讓塗裝面變身鐵製品質感的驚人塗料。左上・僅刷塗黑色「Rusty Iron」塗料的PVC管製作而成的置物架。左下・僅塗上棕色「Cast Iron」改造成的罐子。100ml／968日圓。全2色。

施作範例與DIY重點皆一目了然
不妨善加利用網路商店吧！

可以在家仔細確認塗刷面積，再慢慢挑選購買，正是網路購物的魅力。以「壁紙屋本舗」的網站而言，除了超過1500 種顏色的塗料之外，還有備有各種材料與施作工具，DIY必備的各項商品一應俱全，非常方便。

推薦的網路商店網址如下

http://www.rakuten.ne.jp/gold/kabegamiyahonpo/

※塗料通常因為溶劑性質而視為危險物品，禁止一般空運或郵寄，如有自行購買回台的打算，請務必注意！

At the end
結語

您是否從未想過，
粉刷塗漆可以帶來如此多樣的改造樂趣？
如今已經是一個
不需要太多塗料與高難度技巧的時代。
只需少量材料與工具即可開始，
堪稱是最輕鬆簡便的DIY技巧，
正是粉刷塗漆。

雖然僅是變換顏色，
整體視覺卻全然不同，
若是再進一步加上素材質感的改變，
或者嘗試活用少許可以賦予歲月痕跡的特別塗料，
家飾擺設就會變成更具深沉韻味的美麗物品。

接下來，輪到你享受塗漆帶來的魔力了。
以排刷＆塗料，充分改造出理想的室內風格吧！
希望身邊的親朋好友，以及你自己，
都能藉由粉刷的魔力而笑顏逐開不止息。

輕鬆油漆刷出手感個性家

小成本的色彩大改造！居家空間×家飾雜貨×自然風×個性塗鴉×基本技巧

作　　者／主婦與生活社◎編著
譯　　者／Miro
發 行 人／詹慶和
選 書 人／蔡麗玲
執行編輯／蔡毓玲
編　　輯／劉蕙寧・黃璟安・陳姿伶
執行美編／周盈汝
美術編輯／陳麗娜・韓欣恬
出 版 者／良品文化館
發 行 者／雅書堂文化事業有限公司
郵政劃撥帳號／18225950
戶　　名／雅書堂文化事業有限公司
地　　址／220新北市板橋區板新路206號3樓
電子信箱／elegant.books@msa.hinet.net
電　　話／（02）8952-4078
傳　　真／（02）8952-4084

2020年10月初版一刷　定價 380元

HEYA TO ZAKKA NO PAINT MAGIC

Original Japanese edition published by SHUFU-TO-SEIKATSU SHA LTD., Tokyo

This Complex Chinese language edition is published by arrangement with SHUFU-TO-SEIKATSU SHA LTD., Tokyo in care of Tuttle-Mori Agency, Inc., Tokyo through Keio Cultural Enterprise Co., Ltd., New Taipei City.

經銷／易可數位行銷股份有限公司
地址／新北市新店區寶橋路235巷6弄3號5樓
電話／（02）8911-0825
傳真／（02）8911-0801

國家圖書館出版品預行編目資料（CIP）資料

輕鬆油漆刷出手感個性家：小成本的色彩大改造！居家空間×家飾雜貨×自然風×個性塗鴉×基本技巧 / 主婦與生活社編著. - 初版. - 新北市：良品文化館出版：雅書堂文化發行, 2020.10
面；　公分. -（手作良品；94）
ISBN 978-986-7627-28-5(平裝)

1.家庭佈置 2.油漆

422.3　　109014523

編輯後記

正看著本書的各位讀者，書裡的資訊是否有所幫助，或是激起想要實踐看看的興趣呢？除了收錄新增的採訪，部分內容是曾經刊載於「Come Home」雜誌的單元重新編輯而成。衷心希望本書對於各位的塗漆生活能夠有所幫助。在此也要向允許再次刊載的各位受訪者，以及當初協助一起編輯的工作人員，再度說聲感謝。

Shop list
本書介紹商品與店家資訊如下

壁紙屋本舗	http://www.rakuten.ne.jp/gold/kabegamiyahonpo/
關西Paint	http://www.kansai.co.jp/
Kanpe Hapio	http://www.kanpe.co.jp/
Turner色彩	http://www.turner.co.jp/
VIVID VAN	http://vividvan.co.jp/

※塗料通常因為溶劑性質而視為危險物品，禁止一般空運或郵寄，如有自行購買回台的打算，請務必注意！

編輯　河森佑子
採訪　大野祥子・小山邑子・島村露美
攝影　東 泰秀・磯金裕之・清永 洋・宗田育子
枦木 功・松村隆史・三村健二
鶴和田良弘（本社）
設計　pond inc.
校對　山田久美子
執行　福島啓子